国家重点研发计划资助(项目编号：2021YFC3001400)
National Key R&D Program of China(No.2021YFC3001400)

城市水系统
智慧运营与实践

INTELLIGENT OPERATION AND PRACTICE OF URBAN WATER SYSTEM

申若竹　郑乔舒　周奎宇　等 ◎ 著

王征戍　黄绵松 ◎ 指导

U0249545

中国建筑工业出版社

图书在版编目（CIP）数据

城市水系统智慧运营与实践 ＝ INTELLIGENT
OPERATION AND PRACTICE OF URBAN WATER SYSTEM / 申
若竹等著. -- 北京 ： 中国建筑工业出版社, 2024. 12.
ISBN 978-7-112-30553-7

Ⅰ. TU991.61; TU992.4

中国国家版本馆 CIP 数据核字第 2024GK7232 号

本书针对城市水系统运营管理普遍存在的问题和痛点，通过剖析城市水系统运营的底层逻辑，提出了完整的技术方案和管理策略，创建了多层级解析、多过程协同的基于资产的城市水系统运营体系，包括资产管理、运营技术标准、监测分析技术、多目标调度四大业务体系和绩效管理、经营管控两大管理体系。进而在城市水系统全域场景中建立数字化的底层架构和智慧化的运营模式，利用数字化工具提升业务的效率和质量，降低业务的成本与风险。该体系源于海量运营实践，根植于实际，通过实践案例的具体介绍，旨在帮助从业者全面理解城市水系统的运行机理，并掌握如何运用信息技术来应对各种挑战，实现城市水系统的精细运营、智慧管控和科学决策。

责任编辑：辛海丽
文字编辑：王 磊
责任校对：赵 力

城市水系统智慧运营与实践
INTELLIGENT OPERATION AND PRACTICE OF URBAN WATER SYSTEM
申若竹　郑乔舒　周奎宇　等◎著
王征戍　黄绵松◎指导

*

中国建筑工业出版社出版、发行（北京海淀三里河路 9 号）
各地新华书店、建筑书店经销
国排高科（北京）人工智能科技有限公司制版
临西县阅读时光印刷有限公司印刷

*

开本：787 毫米×1092 毫米　1/16　印张：14½　字数：295 千字
2024 年 12 月第一版　　2024 年 12 月第一次印刷
定价：**188.00** 元
ISBN 978-7-112-30553-7
（43976）

本书指导

王征戍　　黄绵松

本书作者

申若竹　郑乔舒　周奎宇

吴晓甜　田贵朋　李曼　康昀

序一
PREFACE

在数字中国的时代背景下，全面推进美丽中国建设的需求日益迫切，公众对高品质生态环境的期望也在不断提升。智慧化手段不仅为水资源的高效利用、水环境的持续优化、水安全的全面保障以及水生态的健康发展提供了坚实的技术支撑，也为行业的转型升级和高质量发展注入了新动力。随着科技的飞速发展和信息技术的广泛应用，我们正见证着城市水系统管理方式的深刻变革。

我国城市水系统的智慧化发展是一个不断探索、逐步成长的过程。从最初智慧化概念的引入，到局部试点应用，再到如今一些城市的全面推广，管理水平显著提升，数字化转型成绩斐然，目前正处于由自动化、信息化向智慧化迈进的快速发展阶段。智慧水系统管理技术的不断创新，将为城市水系统保护、利用和管理提供更多的工具和手段。与欧美国家相比，我国的智慧水务发展有着自己独特的路径。欧美国家更侧重于理论和基础方法的创新，而我国则更注重技术应用和解决实际水系统问题。这种以实际应用为导向的发展思路，使得我国的智慧水务建设能够快速落地，为城市水系统的运营管理带来切实的改善。

《城市水系统智慧运营与实践》一书，正是从运营业务与智慧手段密切结合的视角出发，聚焦城市水系统治理面临的投资建设容易、运营保持困难、系统性效益发挥不足等核心问题，围绕资产管理、运营维护、多目标调度、绩效管理、经营管控等方面，探讨分享城市水系统智慧运营的理论与实践，并层层剖析城市水系统智慧运营工作的思路、方法、流程及效益。这本书集中体现了技术创新和管理模式与服务理念的革新，将为从事城市水系统规划、建设、运营和管理的人员提供宝贵的参考，对我国城市水系统运营的智慧化进程将起到积极的推动作用。

面向未来，我们坚信在智慧化风起云涌的浪潮下，我国城市水系统必将向更绿色、智慧、可持续的方向发展，成为数字中国和美丽中国建设不可或缺的要素。

哈尔滨工业大学教授

国际水协会杰出会士

国家杰出青年科学基金获得者

序二
PREFACE

"蓝天白云、繁星闪烁、清水绿岸、鱼翔浅底"是中国人自古以来的生态情怀，而生态环境的治理是一场没有终点的"马拉松"，人类社会要存续多久，生态环境就要治理多久，而且"要像保护眼睛一样保护自然和生态环境"。生态环境的治理是很难一蹴而就的，需要持之以恒、久久为功，在长远见效益。

城市水系统是生态环境的重要组成部分，也是城市可持续发展的基础。党的二十届三中全会提出"深化城市建设、运营、治理体制改革，加快转变城市发展方式"发展要求，这为加强城市水系统运营管理指明了方向，也为行业发展注入新的驱动力。

实现城市水系统的高效、高质量运营管理，充分挖掘系统内各要素的潜力，一直是行业面临的重大挑战，而数字技术的出现成为破局的关键。数字技术已经并将持续地、深刻地改变社会，其在互联网、金融、制造、能源等很多领域的应用已经产生了很好的效果。我国在"十四五"规划中提出了"建设数字中国"的远景目标，数字化已经成为各行业未来的发展方向。包括城市水系统治理领域在内的环保产业要发展新质生产力，数字化、智慧化也是必要和重要的手段。

当下，我国生态环境治理已经迈入科技创新驱动的高质量发展阶段，但数字化发展进程总体处在起步期，步伐相较其他行业略显滞后，存在数字化建设路径不明确、效益不显著、服务能力不健全、数据潜力挖掘不充分等问题，这对于环保产业既是挑战、也是机遇。在新一代信息技术的支撑下构建智慧运营管理体系将从根本上提升城市水系统运营管理能力，积累可观的数据资产，产生广泛的生态、社会和经济价值。

《城市水系统智慧运营与实践》正是在这一背景下应运而出，本书客观、科学地分析了城市水系统运营面临的问题和发展趋势，细致、严谨地描绘了城市水系统智慧运营体系的建设方法和路径，全面、系统地展现了数字技术在城市水系统运营中的应用情况，有助于相关领域从业者了解城市水系统智慧运营的发展情况，也可以为相关管理单位和运营企业开展城市水系统运营管理工作提供参考。

正高级工程师
第十四届全国政协委员
青年北京学者
首创环保集团智慧环保事业部总经理

前言
FOREWORD

城市水系统，也称"城市水循环系统"，是城市复杂大系统的重要组成部分，是水的自然循环和社会循环在城市空间的耦合系统，主要由水源、供水、用水、排水等子系统组成。随着现代化进程的加速，城市水系统作为保障城市运行的重要基础设施，其结构和功能在不断演进和发展。

近年来，中央各部委、各级政府和社会公众对城市水系统综合治理给予广泛关注，国家政策文件陆续出台，海绵城市建设、黑臭水体治理、污水管网提质增效、内涝治理等专项工作快速推进，明确体现了国家层面对城市水系统的高度重视程度和治理决心。随着生态文明建设的不断深入，城市水系统向多要素、多目标的协同治理，实时性、联动性的快速响应，一体化、全周期的系统服务，专业化、精细化的长效运营转变，对治理效率和效果的可测、可知、可感有了进一步要求，重系统治理、重长效运营已成为行业的新趋势，各地也在不断探索相关管理模式和实施方案。

与此同时，国家"十四五"规划提出"加快数字化发展、建设数字中国"，产业数字化与数字产业化趋势相互交汇，技术和数据已成经济发展的两大新生产要素。在城镇化步伐逐渐加快的发展背景下，城市水系统建设和管理难度亦随之加大，信息技术的快速普及和应用已从"锦上添花"转为"雪中送炭"，推动城市水系统的管理和决策迅速向自动化、数字化、智慧化革新。适应时代变化，在城市水系统全域场景中建立数字化的底层逻辑和智慧化的运营模式是行业发展的必然方向。

北京首创生态环保集团股份有限公司是国内最早投身于城市水系统综合治理领域的国有大型环保企业，先后承担了包括海绵城市建设、黑臭水体治理、水环境综合整治在内的20余个国家级试点、示范项目的投资、建设与运营工作。编制团队针对城市水系统运营管理普遍存在的体系不健全、标准不完善、运营质效低、经验难推广、数据难利用等问题，全面梳理了运营管理业务，基于业务场景梳理业务逻辑，基于数字化特点重构业务流程，探索了城市水系统智慧运营的实施路径，以系统思维构建了基于资产的城市水系统智慧运营体系，明确了核心要素和关键环节，形成横向覆盖城市水系统各业态，纵向贯穿运营管理全周期的以资产管理为核心、以运营效果为导向的逻辑闭环。涵盖信息采集、资产评估、分级维护、精细管理、监测预警、综合调度全过程运营管理流程，研发了业务和信息技术深度融合的智慧运营平台，为实现城市水系统高效运营提供了新的思路。未来编制团队亦将持续探索并适应不断变化的实际需求，以进一步优化业务、标准和数据的深度融合，达成城市水系统智慧运营的最佳实践，助力城市水系统标准化、精细化、智慧化运营，创造生态环境长效价值。

本书汇聚了北京首创生态环保集团股份有限公司在城市水系统综合治理实践中丰富的运营经验，涵盖了理念、技术、管理等多个方面，并有幸获得了国家重点研发计划"2021YFC3001400"项目的资助，这也是该项目研究成果的重要组成部分。在编写过程中，我们不仅得到了行业内多位专家和学者的宝贵指导，也获得了江苏首创生态环境有限公司的大力支持，对此我们表示衷心的感谢。同时，也特别感谢中国建筑工业出版社辛海丽、王磊编辑给予的鼓励和帮助，使得本书更加完善。最后，我们还要向张仕敏、徐芳、王培、莫元敏、魏巍、王紫玮、陈鹏等所有团队成员致以深深的敬意，每一位成员的专业成就和不懈努力都是本书能够成功出版的重要基础。

我们希望此书的出版能为城市水系统的可持续发展贡献绵薄之力。然而，鉴于学科的不断发展和编制组知识水平的局限性，书中可能存在不足或疏漏之处。我们诚挚地欢迎广大读者提出宝贵的意见和建议，以便我们不断改进和完善。

目录
CONTENTS

03 / 第 3 章
城市水系统智慧运营体系

04 / 第4章
智慧运营平台建设

05 / 第 5 章
宿迁市西南片区项目实践

06 / **第 6 章**
未来展望

第1章

城市水系统的
发展与现状

DEVELOPMENT AND STATUS
OF URBAN WATER SYSTEMS

01

DEVELOPMENT AND STATUS OF
URBAN WATER SYSTEMS

城市水系统的
发展与现状

1.1　概念内涵

1.1.1　城市水系统的定义

水是生命之源、生产之要、生态之基。自古以来，人类逐水而居、依水而生、因水而兴，城市与水的关系密切而复杂。水系统如同城市的血脉一般贯穿于城市生态、经济、社会发展过程中的每一个环节，并以其独特的属性和功能占据着不可替代的地位。城市水系统随着城市的兴起而出现，也伴随城市化进程而变革，水不仅是城市发展的基础，也是城市化进程中不可或缺的关键元素。

城市水系统，也称"城市水循环系统"，是城市复杂巨系统的重要组成部分，是水的自然循环和社会循环在城市空间的耦合系统，涉及城市水资源开发、利用、保护和管理全过程[1]，如图 1.1-1 所示。

图 1.1-1　城市水系统示意图

陈吉宁等在《城市二元水循环系统演化与安全高效用水机制》[2]一书中提出："城市水循环既包括降雨、径流等自然循环过程，也包括供水、排水等社会循环过程，具有明显的'自然-社会'二元特性。城市水系统是自然水循环和社会水循环的重要载体和耦合界面，也是人类实现水资源安全、高效和可持续利用的重要调控手段。"

中国工程院院士王浩在《城市水循环演变及对策分析》[3]一文中提出："全球气候变化和快速城市化改变了自然水循环过程，使水循环呈现'自然-社会'二元特征。城市是二元水循环耦合程度最深的区域。"

中国工程院院士任南琪在《城市水系统发展历程分析与趋势展望》[4]一文中提出：

"城市水系统是社会、经济和环境要素共生发展的产物，是水的自然循环和社会循环的耦合载体，包括城市地表水和地下水、城市供水、城市排水、城市再生水、城市内涝防治以及城市河湖水体等系统单元。"

中国科学院院士夏军等在《城市水系统理论及其模型研制与应用》[5]一文中提出："城市水系统是流域水系统科学在城市的应用和拓展，是指城区复杂下垫面和人工调控影响下自然（降水、蒸散发、下渗、产汇流和调蓄等）和社会经济侧支（取、用、耗、排等）水循环过程，及其伴生的面源和点源排放引起的水环境和水生态等过程，最终形成综合的水循环多过程系统。"

总的来说，城市水系统就是在城市空间范围内，以城市水资源为核心，与人类活动、自然环境以及社会环境紧密相连，并随着时间和空间的变化而动态演进的综合水循环体系。

1.1.2　城市水系统的构成

作为城市的重要组成部分，城市水系统发生在城区范围内，包括以"降雨—蒸发—入渗—产流—汇流"为基本过程的自然水循环以及以"取水—供水—用水—排水—回用"为主要过程的社会水循环[2]，如图 1.1-2 所示。

城市水系统以自然水循环为基础、以社会水循环为主导，在结构上连接了城市自然水体和终端用水户，在功能上受到城市自然水体与终端用水户需求的驱动，即城市用水的取水、净化、输送，城市污水的收集、处理、综合回用，降水的汇集、处理、排放以及城市防洪排涝和生态景观于一体，整个循环路径涵盖城市水资源开发、利用、保护全过程，具有自然和人工的复合性。

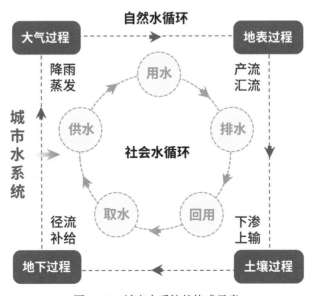

图 1.1-2　城市水系统的构成示意

1.1.3　城市水系统的特征

正因为城市水系统在人类经济社会和自然生态环境中的重要地位,其具有整体性、复杂性、动态性、多功能性等特征。

1. 整体性

城市水系统是由水源、取水、供水、用水、排水、净水、回用等多个单元组成的一个完整、协调的有机整体,各单元之间相互影响、相互协调、相互制约。因此,在城市水系统规划、设计、建设及运营管理过程中,应将城市水系统各组成部分及其功能视为一个相互联系和相互依赖的统一体,从整体角度出发协调好各单元之间的关系,做到各环节目标服从大系统整体目标,实现城市水系统的动态平衡与优化运行。

2. 复杂性

城市水系统的组成结构与时空分布具有复杂性。从组成结构来说,城市水系统涉及水源系统、供水系统、排水系统、雨水系统、回用系统等多个单元,各单元之间存在着复杂的相互作用和不可分割的联系。从时空分布来说,城市水系统的水库、管网、泵站、水厂、河湖等要素时空分布范围广泛,全面覆盖城市范围。同时,城市水系统的设施布局也受城市空间结构影响,应统筹考虑水源地分布与用水需求的关系、污水输送和处理设施建设情况与污水收集处理需求的关系等因素,从而统筹优化城市水系统空间布局和技术选型。

3. 动态性

城市水系统不是一个稳定的静态系统,而是一个与外部环境以及其中各要素时空变化密切相关的动态系统。受自然条件、人类活动、技术进步和政策调整等多种因素驱动,城市水系统在供水、用水和排水等各环节与外部环境产生密切的联系和交互作用,如气候变化可能导致降水模式和强度产生变化,进而影响城市排水过程,城市扩张和土地利用方式改变会影响城市水系统布局和运行效能。此外,随着新技术不断出现,城市水系统需要随之更新和升级以提高其可持续性,而政策和法规的变化调整也会影响城市水系统的运行和管理。

4. 多功能性

城市水系统是一个具有多功能目标的系统。城市水系统不仅要满足供水和排水的基本功能,还要统筹考虑防洪、生态平衡和城市景观等多重功能,因此城市水系统的治理目标也包含了保障城市的用水安全和生命财产安全、保护水环境和减少污染物排放、维持水生态系统中生物和物质平衡、满足公众对于生态景观的需求等。

1.2   发展历程

城市水系统作为促进社会、经济和环境发展的关键要素之一，其不仅承载了人类社会的进步，也面临着城市化带来的机遇和挑战。

古代城市水系统以满足城市居民引水、排水及防洪排涝等需求为主。考古发现，3000 年前我国商朝都城殷就已拥有具备供水、排水功能的城市水系统雏形，而后随着生产力不断发展，人类开始聚居并形成城市，兼有明沟、明渠和管道的中国古代城市排水系统逐渐形成。几乎同一时期，2500 年前的古罗马开始兴修渠道系统，通过引水渠道将 50km 外的水源引至城中供居民使用，并利用地下水道系统将城里的废物和污水排出，以满足城市居民的日常生活需求。

近代城市水系统的发展起源于 18 世纪中叶的第一次工业革命。随着全球城市人口快速增长，城市范围内用水需求及废水废物产生量不断增加，饮用水卫生及水环境问题随之出现。戴维·塞德拉克教授在《水 4.0》一书中指出，在此期间城市水系统发生过三次重大变革[6]，如图 1.2-1 所示。第一次城市水系统变革，即"水 1.0"，以引水渠和下水道等管渠系统的建设为特征。在第一次全球工业化浪潮时期迅速崛起的欧洲城市复制了由古罗马人首建的管道系统和排水沟，使人们可以在稠密的城市里生存。第二次城市水系统变革，即"水 2.0"，以饮用水处理技术的出现为特征，城市的扩增带来了大量废物，水媒疾病肆虐，严重危害公众健康，直到 1902 年给水加氯消毒技术在比利时给水厂投入使用，遏制水媒疾病，为人类带来了难以想象的健康福利。第三次城市水系统变革，即"水 3.0"，以污水处理厂作为城市水系统的典型特征出现，1913年活性污泥法的发明带来了全世界污水处理厂建设热潮，避免了从城市下水管道流出的污染物对下游地域造成污染。

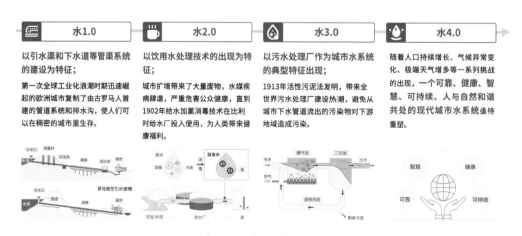

图 1.2-1   水 4.0 发展历程

随着水质净化技术和污水处理技术的出现，近代城市水系统逐渐发展完善。然而，随着近年来经济的高速发展与城市化进程的不断加速，城市建成区面积迅速扩张、城区人口快速增长，水灾害频发、水资源短缺、水环境污染、水生态退化等水系统问题在我国和世界其他地区开始频繁出现，如图 1.2-2 所示。

图 1.2-2　我国城市水系统面临的问题

这些问题既破坏了城市水系统的健康，又极大地制约了我国经济、社会的高质量、可持续发展[3]。因此，随着社会公众环境保护意识的不断提高及科学技术的持续进步，在系统化思维与智慧化手段引领下，人们开始重新思考城市水系统运行管理的新模式。城市水系统的第四次变革正在发生。

1.3　政策演变

1.3.1　国外政策

从 20 世纪 90 年代起，国际社会便开始关注并采纳一种新的城市治水理念，即"城市水系统综合管理"（Integrated Urban Water Management，IUWM）。IUWM 强调在城市水系统管理工作中考虑水的整个循环过程，统筹水源、供水、排水、污水处理和雨水等多种涉水要素，并强调多学科、多部门和多层次的持续整合。在 IUWM 的理念指导下，各国相继发展出多种系统化的理念以应对越发复杂的城市水问题。

1990 年，美国提出低影响开发（Low Impact Development，LID）理念。旨在通过采用合理的场地开发方式，采取分散式小规模措施对雨水径流进行源头控制，减少城市建设和人类活动对水循环的影响。

1999 年，英国建立可持续城市排水系统（Sustainable Urban Drainage Systems，SUDS），其重点在于由传统的以排放为核心的排水系统上升到维持良性水循环高度的可持续排水系统，由原来只对城市排水设施的优化上升到对整个区域水系统的优化，并通过采取综合措施来改善城市整体水循环，以实现让排水回归到自然过程这一主要目标。

20 世纪 90 年代末，澳大利亚学者首次提出水敏感城市设计（Water Sensitive Urban

Design，WSUD）理念，该理念打破传统的单一管理模式，以水循环为核心，将供水、污水、雨水作为城市水循环系统的一个组成部分进行整体考虑和统筹安排，并通过整体分析方法减少城市开发建设对自然水循环的负面影响。

2006年，新加坡提出ABC（Active，Beautiful，Clean）水计划，其核心在于系统地加强城市水资源管理，充分发掘地表水资源利用潜力，同时兼顾雨水资源利用、防洪除涝、水环境质量改善、滨水空间品质提升。

国外城市水系统管理政策理念的共同点在于强调城市水系统的多维度综合管理，注重城市水系统的可持续发展，将水资源保护、水生态修复、水环境改善和水安全保障作为城市水系统不可或缺的一部分，在城市发展过程中统筹考虑，并在实践中不断探索和优化。

1.3.2　国内政策

长期以来，中央各部委、各级政府和社会公众对城市水系统综合治理工作给予广泛关注。为有效解决城市水系统治理的痛点、难点问题，国家接连出台一系列相关政策文件，开展了一系列具有重要价值的试点探索和实践活动，为推动我国城市水系统治理行业高质量发展，促进水生态环境持续改善奠定了坚实的政策基础。

自20世纪70年代起，我国开始认识到水环境污染问题的存在，相继出台《中华人民共和国水污染防治法》《中华人民共和国水污染防治法实施细则》《地面水环境质量标准》GB 3838—1988、《污水综合排放标准》GB 8978—1996等一系列法律法规，以促进经济、社会与环境的协调发展。1983年，第二次全国环境保护会议正式把环境保护确立为我国的一项基本国策，明确实行"预防为主，防治结合""谁污染，谁治理""强化环境管理"三大政策；1989年，第三次全国环境保护会议提出"向环境污染宣战"；1990年，国务院印发《关于进一步加强环境保护工作的决定》（国发〔1990〕65号），强调全面落实八项环境管理制度，并把实行环境保护目标责任制摆在了突出位置。在此阶段，我国水系统治理以点源污染防治为主，尚未开展大规模系统性治理工作。

20世纪90年代，随着新一轮大规模经济建设的开展，我国工业化、城镇化进程逐渐加快，严重影响了城市水环境。河湖水质从局部变差向全域恶化发展，有些地区水环境污染问题已明显制约经济、社会的可持续发展，甚至对公众健康产生了威胁，城市水污染问题引起普遍关注。"九五"到"十二五"期间，国家开始高度重视城镇生活污染和流域水环境问题，启动大规模治水工作，我国水系统治理工作进入流域治理阶段。1996年，《国务院关于国家环境保护"九五"计划和2010年远景目标的批复》（国函〔1996〕72号）中，把环境保护计划纳入国民经济和社会发展计划，并扩展到生活污染治理、生态保护等各个领域，将"三河"（淮河、海河、辽河）和"三湖"（太湖、巢湖、滇池）确定为我国重点流域，针对性编制了流域水污染防治计划，大规模流域水污染防治工作全面开展，不堪重负的江河湖海得以休养生息。在此阶段，我国水系统治理工作仍以污染物排放总量控制为主。

2012年11月，党的十八大将"生态文明建设"纳入中国特色社会主义事业"五位一体"总体布局，谋划开展了一系列根本性、开创性、长远性工作，推动我国城市水系统治理工作向科学治理、源头治理、系统治理转变。

2013年12月，习近平总书记在中央城镇化工作会议上指出："要建设自然积存、自然渗透、自然净化的海绵城市"。旨在以"源头减排、过程控制、系统治理"的思维模式，探索一条可统筹解决长期困扰城市发展的内涝积水与水污染问题、实现传统城市绿色转型发展的新路径，传统"快排"模式与海绵城市对比如图1.3-1所示。

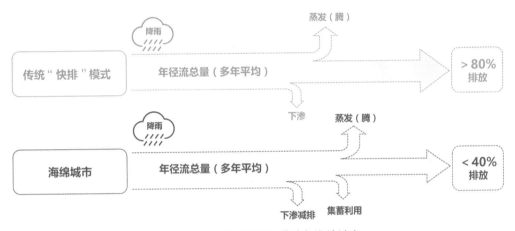

图 1.3-1　传统"快排"模式与海绵城市

2014年3月，习近平总书记在中央财经领导小组第五次会议明确提出"节水优先、空间均衡、系统治理、两手发力"治水方针，为系统解决我国水系统问题、保障国家水安全提供了根本遵循和行动指南。同年10月，住房和城乡建设部印发《海绵城市建设技术指南——低影响开发雨水系统构建（试行）》（建城函〔2014〕275号），为各地深入开展海绵城市建设提供技术指导和依据。

2015年4月，国务院发布《水污染防治行动计划》（国发〔2015〕17号），全面打响水污染防治攻坚战，强调水污染防治工作从关注污水治理和截污管网等末端环节的"点源污染"向源头控制、过程阻断以及末端治理全过程"系统治理"转变。同年8月，住房和城乡建设部会同相关部门组织制定《城市黑臭水体整治工作指南》，首次从国家层面明确"控源截污、内源治理；活水循环、清水补给；水质净化、生态修复"的基本技术路线，指导地方各级政府组织开展城市黑臭水体治理工作。同年10月，国务院办公厅发布《关于推进海绵城市建设的指导意见》（国办发〔2015〕75号），围绕修复城市水生态、涵养水资源、增强城市防涝能力建设目标，部署推进海绵城市建设工作。自2015年起，财政部、住房和城乡建设部、水利部三部委联合开展2批共计30个海绵城市试点建设，在解决内涝积水、水资源短缺以及水生态环境质量恶化等方面取得显著成效，得到国际认可和重视。

2016年9月，住房和城乡建设部印发《城市黑臭水体整治——排水口、管道及检查井治理技术指南（试行）》（建城函〔2016〕198号），明确提出"黑臭在水里，根源在岸上，关键在排口，核心在管网"，将控源截污作为整治城市黑臭水体的重中之重。2017年1月，住房和城乡建设部、国家发展改革委联合下发《关于做好城市排水防涝补短板建设的通知》（建办城函〔2017〕43号），要求各地从"地下排水管渠、雨水源头减排工程、城市排涝除险设施、城市数字化综合信息管理平台"等方面开展重点工程建设。2018年9月，住房和城乡建设部、生态环境部联合印发《城市黑臭水体治理攻坚战实施方案》（建城〔2018〕104号），要求"坚持系统治理、有序推进基本原则，进一步扎实推进城市黑臭水体治理工作"。2019年4月，住房和城乡建设部、生态环境部和国家发展改革委联合印发《城镇污水处理提质增效三年行动方案（2019—2021年）》（建城〔2019〕52号），要求"加快补齐城镇污水收集和处理设施短板，尽快实现污水管网全覆盖、全收集、全处理"。

回顾我国城市水系统治理政策的发展历程，"十三五"期间城市水系统综合治理工作以基础设施补短板、强弱项工作为重点，海绵城市、黑臭水体治理、排水防涝、污水管网提质增效、城市节水和污水资源化等专项工作快速推进，城市水系统综合治理工作全面开展，城市污水处理能力显著提高，基于海绵城市理念的新型城市雨水系统建设逐步完善，城市黑臭水体治理初显成效，排水防涝体系及相关机制体制建设进一步健全。

迈入"十四五"时期，面对人民群众对美好生态环境日益增长的需求，我国城市水系统行业的发展重点逐渐由基础设施完善向注重水资源、水生态、水环境"三水统筹"，加快"源头减排、管网排放、蓄排并举、超标应急"排水防涝体系构建，推进"源-网-厂-河"一体化智慧运营，促进"人水和谐共生"方向转变。

2021年3月，《中华人民共和国国民经济和社会发展第十四个五年规划和2035年远景目标纲要》明确提出"坚持系统观念，坚持绿水青山就是金山银山理念"，对推动绿色发展，促进人与自然和谐共生作出全面部署。同年4月，国务院办公厅发布《关于加强城市内涝治理的实施意见》（国办发〔2021〕11号），要求用统筹的方式、系统的方法解决城市内涝问题，要求"到2025年，各城市因地制宜基本形成'源头减排、管网排放、蓄排并举、超标应急'的城市排水防涝工程体系，排水防涝能力显著提升，内涝治理工作取得明显成效"。与此同时，为进一步强化海绵城市建设的系统性与整体性，建设生态、安全、可持续的城市水循环系统，自2021年起，财政部、住房和城乡建设部、水利部联合发布《关于开展系统化全域推进海绵城市建设示范工作的通知》（财办建〔2021〕35号），在"十四五"期间开展3批共计60个城市的系统化全域推进海绵城市建设示范工作。

2021 年 6 月，国家发展改革委、住房和城乡建设部、生态环境部联合编制《"十四五"城镇污水处理及资源化利用发展规划》，提出推广实施"厂-网-河（湖）"一体化专业化运行维护，保障污水收集处理设施的系统性和完整性。此后相继发布的《深入打好城市黑臭水体治理攻坚战实施方案》（建城〔2022〕29 号）、《关于推进污水处理减污降碳协同增效的实施意见》（发改环资〔2023〕1714 号）、《关于加强城市生活污水管网建设和运行维护的通知》（建城〔2024〕18 号）等文件均将推广实施"厂网一体"专业化运行维护作为推动城市水系统高质量发展的重要工作内容。

2021 年 11 月，中共中央、国务院发布《关于深入打好污染防治攻坚战的意见》，要求"以精准治污、科学治污、依法治污为工作方针，努力建设人与自然和谐共生的美丽中国"。2023 年 4 月，生态环境部等五部门联合印发《重点流域水生态环境保护规划》，要求"到 2025 年，水资源、水环境、水生态等要素系统治理、统筹推进格局基本形成"。"十四五"时期城市水系统综合治理工作以建设高质量城市水系统为主体，从增量建设为主转向系统提质增效与结构调整优化并重，并从智慧化层面对城市水系统治理工作提出更高要求。

1.4　实施模式

我国城市水系统行业是一个长期由政府发挥主导作用的领域，过去很长一段时间，政府作为城市水系统治理和运营的责任主体，在排水管网建设、污水处理、河湖保护治理等方面投入大量资金，开展大量工作，以确保城市水系统维持良性运转。该模式在集中资金投资建设城市水系统基础设施方面发挥了较大作用，但也面临着运营效率低、财政负担重、技术进步慢等一系列问题。同时，水系统综合治理作为一项长期复杂的系统工程，需要多方共同参与，并在项目规划、设计、建设、运营全生命周期做好统筹组织工作。但在传统实施模式下，政府投资项目往往"建管分离"，项目在建设单位建成移交后再委托第三方开展运营工作，由此易出现由于建设阶段对运营考虑不足所导致的运营不畅、成本增加、权责不清等问题，影响项目效益。

2014 年 3 月，习近平总书记提出"节水优先、空间均衡、系统治理、两手发力"的治水方针，其中"两手发力"作为治水方针的重要内容，其核心在于充分发挥好市场和政府两方面资源配置的作用，加快推进形成政府、市场和社会多方参与共治的新格局。

在此背景之下，政府、企业纷纷响应国家政策号召，积极投身城市水系统建设与管理的工作中。随着我国水务环保市场化进程不断加快，通过 PPP、EPC + O、DBO、EOD 等多元化模式，政府协同多方对水系统治理全生命周期进行统筹谋划，社会资本方、建设单位、设计单位、运营单位等在城市水系统综合治理中各展所长，推动了治理成效的快速显现。

PPP（Public-Private-Partnership）模式，即政府与社会资本合作模式，指由社会资本承担设计、建设、运营、维护基础设施的大部分工作，并通过"使用者付费"及必要的"政府付费"获得合理投资回报，政府部门负责基础设施及公共服务价格和质量监管，以保证公共利益最大化。自 2014 年以来，国家部委层面力推 PPP 模式，全国各地 PPP 项目增长迅猛，吸引了众多社会资本进入城市基础设施领域，有效提升了城市基础设施建设的增长速度，并在一定程度上起到了改善公共服务、拉动有效投资的作用。但随着国家严控债务风险、PPP 运作规范要求提高、地方财力接近控制线，2018 年以来新增 PPP 项目出现下降趋势。2023 年 11 月《关于规范实施政府和社会资本合作新机制的指导意见》新规出台，未来 PPP 模式将"聚焦使用者付费模式"，迈入规范化发展新征程。

EPC + O（Engineering-Procurement-Construction-Operation）模式，即设计-采购-施工-运营模式，该模式是在 EPC 工程总承包模式的基础上向后端运营环节的延伸，总承包方作为项目单一责任主体需按照合同约定对项目的设计、采购、施工及后期运营等各环节实行全过程总承包，不仅要对项目建设成本工期和质量负责，还要对后期运营负责。为实现预期运营效果、提升运营效率，总承包方必须从项目全生命周期视角"算总账"，将运营需求前置到设计阶段，在设计阶段就必须充分考虑到运营策划及运营收益的问题，从而促进项目设计、施工、运营各环节的有效衔接，有助于项目总体效益提升。

DBO（Design-Build-Operate）模式，即设计-建造-运营模式，指项目业主（通常是政府机构）与一个单一的承包商签订合同，由该承包商负责项目的设计、建造和运营全过程，又被称为一站式交付模式。该模式的关键在于承包商可在项目设计和建造阶段就参与进来，有助于明确责任主体、缩短建设工期、提高可施工性、更早地识别潜在问题并优化解决方案，从而有效提升项目建设和运营的整体效率。DBO 模式通常应用于公共基础设施项目，特别是运营周期长、运营技术复杂的项目，在国际上尤其在污水处理领域有广泛应用。我国 DBO 模式起步较晚，且主要在环保领域应用。我国首个由政府投资的 DBO 项目是 2009 年 5 月诞生的天津逸仙园污水处理厂项目，该项目虽然规模不大，但在行业内引起较大反响，被认为对促进政府投资、市场服务的实施模式推广有着深远意义。目前，随着化债背景下 PPP 模式监管趋严，PPP 项目新增数量与投资规模双双下降，DBO 模式有望成为城市水系统基础设施建设及运营实施模式的有效补充。

EOD（Eco-environment-Oriented Development）模式，即生态环境导向的开发模式，是以生态文明思想为引领、以可持续发展为目标、以生态保护和环境治理为基础、以特色产业运营为支撑、以区域综合开发为载体，采取产业链延伸、联合经营、组合开发等方式，推动公益性较强、收益性差的生态环境治理项目与收益较好的关联产业有效融合、统筹推进、一体化实施，将生态环境治理带来的经济价值内部化，是一种创新性的项目组织实施方式。

1.5　建设成效

"十三五"以来，我国生态文明建设进入"快车道"，城市水系统综合治理高速推进，城镇排水管网建设快速推进，城镇污水处理能力显著提高，基于海绵城市理念的城市雨洪调控与径流污染控制积极推行，城镇黑臭水体治理成效显著。

近年来，我国持续加大排水管网尤其是污水收集管网的建设力度，污水处理系统效能不断提升。住房和城乡建设部 2020 年城乡建设统计年鉴资料显示，2020 年全国城市共计完成排水领域市政公用设施建设固定资产投资 2114.8 亿元，其中用于污水及再生利用设施建设投资 1043.4 亿元。到 2020 年底，全国城市排水管道已经增加到 80.27 万 km，较 2016 年增加了 39%，见图 1.5-1；城市污水处理设施数量和处理能力快速提升，截至 2020 年，我国累计建成城市污水处理厂 2618 座，污水处理能力达 1.93 亿 m³/d，全年城市污水处理总量达到 557.28 亿 m³，污水处理率达到 97.53%，较 2016 年提高了 4.09%，见图 1.5-2；与此同时启动污水处理"提质增效"三年行动，推动污水处理行业由规模增长转向效率提升，对城市居民生活污染减排和水体污染控制做出了重要贡献，有效促进了水环境质量的综合提升。

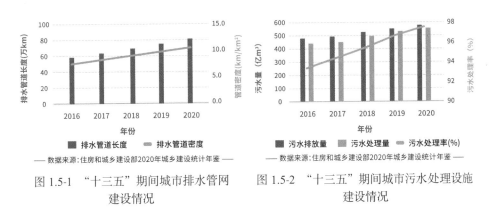

图 1.5-1　"十三五"期间城市排水管网　　图 1.5-2　"十三五"期间城市污水处理设施建设情况　　　　　　　　　　　　　　　　　建设情况

与此同时，在国家政策推动下城市水体治理也成效显著。根据生态环境部对外公布数据显示，截至 2020 年底，全国地级及以上城市建成区 2914 个黑臭水体消除比例达到 98.2%，见图 1.5-3；全国地表水水质达到或好于Ⅲ类的国控断面比例提高到 83.4%，与 2015 年相比提高了 18.9%，劣Ⅴ类水质断面比例由 8.8% 下降到 0.6%，降低 8.2%，见图 1.5-4。《水污染防治行动计划》提出的"到 2020 年，我国地级及以上城市建成区黑臭水体均控制在 10% 以内，全国水环境质量得到阶段性改善"的治理目标基本实现。

图 1.5-3 "十三五"期间城市黑臭水体消除比例　图 1.5-4 "十三五"期间全国地表水水质情况

各城市水系统综合治理成效显著，以部分典型城市为例：

固原市以全国第二批海绵城市试点建设为契机，充分贯彻"水安全、水资源、水生态、水环境、水文化"五水统筹、协同治理的治水思路，系统应用海绵城市建设理念开展清水河黑臭水体治理工作，通过基础河槽整治、生态岸线恢复、水生态构建、水质净化、生态修复等一系列工程的实施，劣Ⅴ类水体得以消除，水质稳定保持地表水Ⅳ类标准，一道"清水绿岸、鱼翔浅底、人水和谐"的生态风景线呈现在人们面前，如图 1.5-5 所示。

图 1.5-5 固原市清水河综合整治工程建设前后对比

福州市采取"一河一策"方式推进内河治理攻坚战，被评为住房和城乡建设部全国第二批生态修复城市修补试点项目、全国 36 个黑臭水体治理重点城市项目、财政部第四批 PPP 示范项目。围绕水安全、水资源、水环境、水生态、水景观、水文化、水信息及水产业八大方面进行系统考虑和统筹安排，并结合河道情况，因地制宜采取控源截污、内源治理、生态修复、活水循环等措施，构建健康水生态系统，描绘出一幅

"清流穿城过、碧波漾榕城"的诗意画卷，如图 1.5-6 所示。

图 1.5-6 福州市仓山龙津阳岐水系-跃进河治理前后对比

淮安是全国首批黑臭水体治理示范城市，淮安区黑臭水体综合整治 PPP 项目是江苏省首个以流域为导向的水环境综合治理 PPP 项目。淮安区西汪塘黑臭水河整治项目采用海绵城市设计理念，将黑臭水体整治与环境绿化、生态修复工程相结合，系统规划、增绿造景，因地制宜建设生态岸坡、植草沟、雨水花园、透水铺装等多样化的海绵措施，在净化初期雨水、消除面源污染的同时，打造水生态景观廊道。昔日"废水塘"西汪塘已"脱胎换骨"成为居民赞不绝口的生态休闲公园，如图 1.5-7 所示。污水处理厂工艺采用"预处理＋改良 A2/O 生化池＋二沉池＋高密度沉淀池＋滤布滤池＋接触消毒池"工艺路线，实现一级 A 达标排放，有效削减了区域水污染物排放总量，为淮安区入海水道北泓嘴断面水质达标做出重要贡献，如图 1.5-8 所示。

图 1.5-7 淮安市淮安区西汪塘治理前后对比

图 1.5-8　淮安区污水处理厂建设实景

内江沱江流域水环境综合治理项目先后入选全国首批流域水环境综合治理与可持续发展试点项目、国家首批黑臭水体治理示范城市、四川省 PPP 示范项目。其中太子湖位于四川省内江市经开区交通镇，原为一处用于解决旱季农业灌溉问题的人造水库，因畜禽养殖及生活污水直排等问题导致水体发生恶化。通过控源截污、湖底清淤、活水循环和生态修复等工作开展，太子湖重返水清岸绿，成为飞禽栖息的生态湿地公园，如图 1.5-9 所示。

图 1.5-9　内江市太子湖治理前后对比

淮南市泥河流域水环境综合治理项目，以"通、活、净、美、可控"为目标，开展点源治理、面源治理、内源整治、生态修复、活水保质及长效管控等工作。通过生态修复工程，在泥河两侧建成 39 万 m² 滨河生态拦截带，形成一条自然、健康、优美且有时代气息的绿色长廊，既实现了生态环境的改善，又填补了淮南潘集城区缺少大型公园的空白，目前已成为市民游客亲水休闲的知名"打卡点"，如图 1.5-10 所示。

图 1.5-10　淮南泥河滨河生态拦截带建设前后对比

通过控源截污、内源治理、生态修复、活水保质等一系列措施的系统实施，我国水环境污染防治攻坚战取得阶段性成果，水系统治理模式向系统统筹、实时联动持续转变，城市水生态环境明显改善，人民群众获得感、幸福感显著增强，美丽中国建设迈出稳健步伐。

1.6　发展趋势

近年的治水实践表明，城市水系统综合治理工作不能简单地一建了之、一治了之，要想实现城市水系统长治久清，需要在工程建设后进行持续的维护与管理。如图 1.6-1 所示，如果把城市水系统运营需求看作一座冰山，那么基础设施建设与管理只是"冰山一角"，更需要充分发挥存量资产价值。现阶段普遍存在的"重建设、轻运营"的传统治理模式只会造成大量城市水系统基础设施的浪费，导致治理效果反复，甚至引发重复建设和投资浪费。

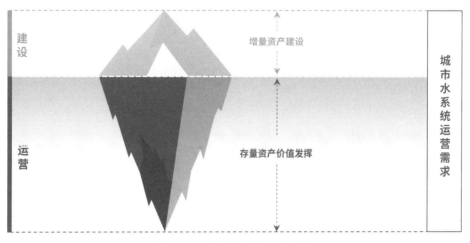

图 1.6-1　城市水系统运营需求

当下，我国已由高速增长阶段转向高质量发展阶段，城市基础设施建设工作也从单纯的规模扩张正式迈入"提质增效"下半场，存量时代已经拉开大幕。在此背景下，城市水系统管理的思维模式应从"重数量"向"重质量"、从"重建设"向"重运营"进行快速转变，如何实现城市水系统资产的全面盘活与精细运营、促进城市水系统治理成果稳定达标与长效保持将成为未来行业的重心。

第2章

城市水系统运营的挑战与思路

CHALLENGES AND
APPROACHES OF URBAN
WATER SYSTEM OPERATION

城市水系统运营的
挑战与思路

如本书前文所述，随着城市水系统综合治理初见成效，行业已进入存量时代，治理成效的长效保持成为新命题。城市水系统如何稳定、高效运营以保障既有设施发挥效应，如何在实际运营条件下达成系统目标，如何完成边界条件闭环、绩效考核闭环和付费机制闭环以支撑城市水系统长期良性运转，均是全行业关注且有待突破的问题。目前行业正处于政策压力叠加、负重前行的关键期，面对千头万绪的问题和尖锐复杂的矛盾，开展运营工作需要积极地正视矛盾并随时随地主动化解矛盾。

通过对城市水系统治理与运营的实践总结与问题剖析发现，虽然在政府、行业专家、企业管理者层面基本上建立了系统治理的共识，政策导向、治理方向也开始向综合治理转变，但在实践工作中，系统化思维仅停留在了理念指导、宏观规划、概念设计层面，在具体的治理与运营实施过程中，受各种客观因素限制及影响，系统化的治理思维与运营方法未能贯穿到管理的各个层级和实施的各个环节。

而运营企业能否有效满足城市水系统从治理到运营的全周期需求，能否在实践中打造出系统服务能力、集成运营能力、技术创新能力，成为竞争力体现的关键。

2.1　城市水系统运营痛点

城市水系统的治理与运营是一项长期复杂系统工程，是一个有着政府、公众、投资方、设计方、建设方、监理方、运营方等多方参与，需要进行全生命周期统筹的复杂组织体系。在项目实践中，各利益相关者的参与都存在阶段性、独立性的特点。政府作为主导单位，需要在全生命周期内平衡各参与方的需求与利益，确保城市水系统能够长期有效运行，并达成治理目标。这也是"十三五"以来多数城市以"治理主体多元化、治理客体全域化、治理手段集成化和治理模式精细化"为基本方向[7]，积极推进治理机制创新，采用 PPP、EPCO、DBO 等模式开展城市水系统综合治理，由水务环保企业以长期运营为根本出发点，对城市水系统进行统筹规划并进行系统性运营管理的初衷。

城市水系统治理机制和模式的革新，一方面能满足地方政府在有限的财政预算内有效利用社会资源、资本和技术解决问题，另一方面也为企业提供了通过自身的资本、管理与技术优势完成政府的治理要求从而获得相应回报的机会。但这些创新的模式正处于发展起步阶段，尽管取得了显著的治理成效，相关政策和体制框架尚未完善。在此背景下，城市水系统的复杂性导致地方政府和企业难以在连续推出的政策和"大干快上"的项目中完全适应和消化这些新模式，也导致了城市水系统综合运营在适应和消化这些新模式时面临诸多痛点和挑战，而这些问题亦需要在未来的实践中逐步克服并解决。

2.1.1　协同治理力度不足

城市水系统属于高度耦合的复杂系统，涵盖内容多且与生态环境范畴内的其他系统有着复杂的交互关系，同时又具有较强的社会属性，涉及经济、政治、资源、人文等范畴的关系网络，在多方驱动力和压力的共同影响下持续动态变化。政府在城市水系统综合治理项目中往往扮演着规划者和投入者、监管者和引导者、协作者和调节者等多重角色[8]，但由于一些地方政府对于系统性治理的理解不够深刻而在工作推进过程中表现出缺位、虚位与错位等情况。

城市水系统的自然边界是基于流域空间划分，因此以流域水循环为纽带统筹流域治理与城镇发展是构建健康可持续的城市水系统的关键路径[9]。然而，流域内各地区经济发展水平、环境治理需求和环境保护进程等方面存在差异，由于缺乏成熟的流域管理体系，这种行政分割导致难以实现有效的合作和统筹治理，跨区域的责任划分和矛盾调解面临重大挑战。同时，同一行政区划内，包括住建、水利、生态环境、市政等在内的众多涉水管理部门存在职能分割、交叉和重叠，同一个管理部门又存在市级、区（县）级的权限分割，使得城市水系统管理呈现出分段、条块化和碎片化的特征，最终导致管理和责任边界难以清晰定义。因此，城市水系统综合治理项目在不同程度上都存在环节壁垒明显、界限定义不清、责任链不完善等问题，导致在运营实践中，系统上的每个环节都能找出免责或弱化责任的合理因素，最终无人为总体效果实质性负责。推动区域和相关部门从各自为政转向协同运作和良性互动是解决这一问题的关键所在。

2.1.2　利益各方诉求差异

城市水系统运营过程中涉及的利益相关者主要是政府、企业和公众。其中，政府和企业既是利益相关方又有不同的利益逻辑，政府主要依循政治逻辑而动，企业则依循市场逻辑而动，治理主体的行动逻辑各不相同，易导致治理行动与目标背道而驰。

政府的主要目标是获得社会效益和经济效益，以社会综合效益为重。政府在运营期需要支付大量的可用性服务费和运营维护费，在经济下行压力等风险影响下，会大大降低政府的支付意愿。同时受政治逻辑强力驱动，政府在执行政策时，有时可能会采取较为直接的手段，如行政处罚或强制措施，从而引起利益相关企业的抵触，导致双方之间的紧张关系，这也是生态环境部发文禁止"一刀切"的原因所在。

企业的主要利益需求包括但不限于获得收益和提高市场竞争力。城市水系统治理项目在进入运营期后利润空间小、项目周期长，承担着巨大的经营和考核压力，运营结果直接影响收入，并且在外部政策影响下，考核要求也存在逐步加码的可能。这就要求运营企业不断修炼内功，提升自身抗风险能力。

公众是城市水系统的重要利益相关者，对美好生态环境有着切实的需求，也是水环境的重要监督者和长效保持的参与者。调研显示，很多时候是政府在干、企业在赚、百姓在看，公众缺乏机会介入这一与其利益密切相关的公共事务中。城市水系统治理的社会性一直没有得到足够重视，越是重大的治理工程，其社会性和外溢效果就越显著，越需要多元主体的广泛参与。

2.1.3　长期风险难于规避

首先，城市水系统犹如健康的生命体，各个子系统彼此间相互交织、不可分割，并且还具有新陈代谢、自适应、应激性、生长发育和遗传变异等生命特征[10]。因此，受气候环境条件变化、城镇化进程和经济社会发展等多维度因素的影响，城市水系统的长周期运营过程中充满了不确定性。即便当下的系统方案和技术措施满足了治理需求，但在应对政策、法律、经济、环境等[11]条件变化的适应性上势必具有一定的局限性，单纯依靠运营企业显然难以支撑长效保持治理效果的目标。而构建有效应对这些长期不确定性的机制任重道远，需要通过不断地实践加强监督监管机制和绩效评价机制的科学性和有效性，并完善风险分担、资源投入和利益共享机制。

其次，城市水系统综合治理涉及多个专业和多项工程，尽管各专业都有较为完备的技术体系，但行业发展初期对这些技术的集成能力较弱，若没有数十年的循序渐进、谨慎反思和充分总结，没有系统的摸索过程和能力建设，很大概率会面临"始乱终弃"和"南辕北辙"的风险，从而直接影响系统的整体运行效果和长期稳定性。即使短期治理效果尚可也容易发生长期恶化反复的现象。叠加行业初期"重投重建、轻技轻运"的现状，可能会导致大量设计和建设阶段留下的缺陷和隐患在运营阶段显现，进一步推高运营成本并影响系统的长期稳定性，增加不必要的资源浪费。图 2.1-1 为某河道的钢坝闸，由于在设计阶段未考虑上游污水厂排水口，当钢坝闸蓄水后上游水位壅高，将排水口淹没，导致排水不畅，造成了建设成本的浪费和后期运营成本的增加。

图 2.1-1　某河道钢坝闸

最后，城市水系统的治理成本与污染者付费之间的关系、环境效益与受益者付费之间的关系均未建立完善，而城市水系统复杂性极高且易受众多外部因素影响，使得运营企业面临着难以追溯问题源头和难以从责任方获得补偿等难题，价格机制的不完善阻碍了城市水系统治理遵循经济规律运行的步伐，不仅增加了运营企业的财务负担，也对项目的可持续运营构成了威胁。

2.1.4　系统性价值难认定

对于城市水系统的运营管理而言，系统性生态价值的认定直接影响到整个行业的效率和发展。尽管生态环境部在 2006 年发布的《生态环境状况评价技术规范》HJ/T 192—2006 中提出了"生态环境状况评价指标体系"，一些学者也通过指数评价法、层次分析法、德尔菲法、主成分分析法等方法建立了不同的生态环境效益指标，但这些生态环境效益量化评价指标还未在市场中达成共识[12]。缺乏统一的量化评价指标，导致难以形成经济价值共识，进而影响了市场化交易的进程。由于缺乏价值共识，行业普遍采用成本加利润率法来确定运营价格，即通过定额估计运营成本后再加上一个"合理"利润率。成本加利润率法的好处很明显，即定价或者衡量的成本低，无须通过反复的讨价还价来确定双方都满意的价格，更何况在系统价值缺乏统一量化标准的前提下，"出价"这个行为本身就难以操作。但其弊端同样明显，由于运营企业无法从提升产品和服务质量中获得相应的回报，这样的定价方法显著地抑制，甚至扼杀了企业提升产品和服务质量的动机。

对于城市水系统而言，设备、设施只是系统目标的基础和载体，而系统的运营调度和高质高效的服务才是达成系统目标的关键。目前大多数城市水系统运营的定价逻辑与绩效考核目标脱节，定价逻辑未能体现系统性运营价值，运营往往被限定于"运维"性质，维护对象对应于设备、设施、景观、绿化等，运营服务费的组价模式和定价逻辑也是指向于维护动作成本和维护工作量，运营工作便成为点状、线状的内容合集而非网络型的系统结构。相应地，绩效考核设计结构主要由各子项、分项的工作标准和管理要求构成，如果运营付费规则是基于项目子项拆解处理，那么从运营企业回报机制角度来说，运营的价值依旧被限定在运行维护范畴，并非引导企业向达成城市水系统总体目标方向努力，难以体现出系统运营的价值导向。这种割裂的绩效考核与付费机制不利于保障项目总体目标的持续达成。在运营的系统性价值被弱化的背景下，项目实施过程中的"工程收益倾向"不可避免，基于治理目标的系统方案如何在运营期有效落地也缺乏路径支撑。

2.1.5　准经营性特征明显

城市水系统治理类的项目是典型的准经营性项目，缺乏使用者付费基础、高度依赖政府付费，因系统性价值难以认定、经济效益难以衡量，市场运行的结果将不可避免地形成资金的缺口，需要政府通过适当政策优惠或多种形式的补贴等补偿方可收回成本，具体的补偿方式包括建设期补偿、可行性缺口补助、资源补偿等。自《国务院办公厅转发财政部　发展改革委　人民银行关于在公共服务领域推广政府和社会资本合作模式指导意见的通知》（国办发〔2015〕42 号）指导意见实施以来，采用政府付费和可行性缺口补助的 PPP 项目数量和投资额在全部 PPP 项目中占比超过 90%。2019 年，财政部印发《关于推进政府和社会资本合作规范发展的实施意见》（财金〔2019〕10 号），规定"将新上政府付费项目打捆、包装为少量使用者付费项目，项目内容无实质关联、使用者付费比例低于 10% 的，不予入库"。2023 年 11 月，国务院办公厅转发《关于规范实施政府和社会资本合作新机制的指导意见》（国办函〔2023〕115 号），此后 PPP 回报机制将聚焦使用者付费，政府有条件地给予使用者付费项目建设期投资支持，政府付费只能按规定补贴运营，不能补贴建设成本。

正是由于项目的准经营属性，经济效益不够明显、单一政府付费的回款模式风险较大，往往导致项目投资回收周期长，投资回报率低，项目风险不可控。在此模式下，政府、企业都面临严峻的压力和挑战，一旦利益回报机制缺失，极容易影响到社会资本参与治理的热情。为了应对这些挑战，企业和政府需要采取创新的策略和方法，运用技术创新、资本运作、税收优惠等手段实现项目可持续发展。

2.1.6　运营投入普遍不足

一方面，在城市水系统综合治理的实践中，运营阶段所面临的挑战尤为突出。由于前文所述行业对环境效益的经济价值难以进行准确的量化评估，且在行业内部缺乏广泛的共识，导致运营阶段创造的环境效益价值被严重低估。同时，由于行业发展尚处于初期阶段，技术水平和管理模式的差距较小，劳动密集度高，企业之间的竞争压力巨大，导致利润空间狭小，这种低利润状况进一步导致了运营期资源投入不足，使得项目难以维持高水平运营。

另一方面，城市水系统运营综合性强，对项目的技术要求和管理水平有着较高的要求。受限于运营期资源的不足，人才培养和能力建设的发展空间受到了较大限制，远远落后于城市水系统综合运营的实际需求，这种差距不仅影响了项目的长期可持续发展，也在更大程度上制约了城市水系统综合运营的整体效果。

综上所述，运营投入的普遍不足成为制约城市水系统综合治理效果的关键因素之一，亟待行业共同关注并积极寻求解决方案。

2.2　城市水系统运营难点

当前，由于行业不成熟、资源不足、能力滞后，造成城市水系统运营业务基础相对薄弱。一方面，传统运营主要关注的是对运营人员和运营事务的管理，而忽略了对真正为城市水系统创造价值的设施和设备的管理，导致提升运营质量和效率的举措往往事倍功半，项目因运营不善而荒废的现象屡见不鲜；另一方面，面对系统性、综合性问题，运营管理单位往往感觉力不从心，过度依赖人工进行运营，不仅人力成本高昂而且效率低下，给运营企业带来了沉重的负担。从目前城市水系统运营的现状来看，行业内普遍存在以下难题亟须解决。

（1）运营体系不完善。由于行业发展迅速，加之城市水系统运营容错度相对较高，城市水系统的运营体系尚不健全，部分业态运营标准缺失或不成熟，在运营阶段往往面临不知道如何有效开展工作的问题，缺少明确的运营目标和规范的运营流程，难以为项目的长期发展提供有力支持。

（2）运营质量和效率不高。受管理工具和信息传递工具的限制，敏捷、精细的运营管理目标缺乏实现的抓手，导致运营质量和效率相比其他行业长期处于较低水平。

（3）经验难以推广。目前城市水系统的运营严重依赖运营人员的经验，而人才资源有限、知识分享困难导致成功项目的经验难以迅速复制推广，也影响了运营管理水平的提升和行业的发展进步。

（4）海量潜在数据资源无法利用。项目的持续运营会产生海量数据，但由于数据记录和管理工具的不足导致能被真实有效记录的数据少之又少，能得到合理分析利用、推动运营质效改善的更是凤毛麟角。

因此，全行业亟须完善运营体系和标准，引入高效的管理与信息传递工具提升运营质量和效率，建立知识共享机制推广成功经验，同时充分利用数据资源优化运营策略，以夯实基础、降低成本、控制风险、提升能力，确保行业向更高效、可持续的方向发展。

2.3 城市水系统运营思路

2020年10月，党的十九届五中全会再次将建设美丽中国作为"十四五"和2035年远景目标，提出了环境治理体系与治理能力现代化的生态文明建设新使命，生态环境治理向多要素、多目标的协同治理，实时性、联动性的快速响应，一体化、全周期的系统服务，专业化、精细化的长效运行转变，对治理效率和效果的可测、可知、可感有了进一步要求，重系统治理、重长效运营已成为行业的新趋势，各地也在不断探索相关管理模式和实施方案[13-15]。

城市水系统运营不单单是运行维护的组织和实施，更是运营企业持续经营的过程，是运行、运营和经营三个层面的结合。运行指的是对整个水系统内的设备设施等资产进行维护，使其正常、稳定发挥功能；运营是在运行的基础上，通过统筹规划、组织资源、安排任务，实现系统内设施、设备、生态系统联动，保证城市水系统总体环境目标的实现；经营指在满足系统目标的基础上提供持续稳定、高效高质的运营服务，保证运营企业投资收益的实现，持久创造生态环境价值。

如图 2.3-1 所示，城市水系统运营的总体思路是基于"源-网-厂-河"一体化运营实践经验构建全业态、全周期的运营体系，开展业务单元标准化运行、项目一体化运营和区域集约化经营决策多层级管控，并利用智慧化的手段进行深入管理，推动建设标准化和精益化的运营能力，最终实现城市水系统的高质量、可持续发展。总结起来就是系统管控、规模集约、智慧升级这三个方面相互融合、相互促进，共同构成推动城市水系统运营的核心策略。智慧化始终贯穿其中，除了其本身就是发展方向和核心策略外，也是链接各个环节、提升整体效能的关键，是系统管控和规模集约策略实施的重要工具。运营企业可以通过全方位整合和智慧化应用，构建一个更加高效、可持续的城市水系统综合运营体系，并在此基础上寻找新的增长点和突破口，以"硬功夫"和"软实力"为城市水系统运营的创新探索和效能升级打下坚实基础。

图 2.3-1　城市水系统系统运营思路

2.3.1　系统管控

与传统污水处理等单一业态相比，城市水系统运营面临着更严峻的挑战，既包括系统的广泛性、资产的多样性，更包括各组成部分之间复杂的相互关联和影响。因此运营企业需要跳出系统中的固有位置，立足于项目又不局限于项目本身，从全业态、全周期角度立体看待城市水系统，理顺城市水系统内部各构件的关联逻辑、项目治理目标与系统治理目标的耦合方式，让有限的、具体的措施累加起来产生超出预期的结果[16]。

系统工程过程 V 模型为系统管控提供了一个理想的框架，最早于 1991 年由 NASA（美国国家航空航天局）提出[17]，是利用分析、开发、验证和评价的反复迭代过程，以期达到整体最优的思维方法和实用技术[18]，常用于项目管理和软件工程。V 模型的核心逻辑是开发和验证同等重要，左侧代表开发活动，右侧代表验证活动，该逻辑也可应用于包括城市水系统在内的各种复杂系统和工程项目。

如图 2.3-2 所示，V 模型的左侧是分析和建设阶段，在考虑城市水系统与其他系统协同的情况下，深入分析水资源平衡、水环境质量、水安全保障和水生态健康等方面的需求，并通过设计和建设确保城市水系统在该阶段的科学性和合理性。V 模型的右侧是运营和验证阶段，首先保证各个工艺单元和设备设施能够独立运行并满足设计要求，并进一步验证这些单元在实际运营中的协同效果，通过持续的监控和优化，确保水系统的可靠性和效率，并从系统宏观角度评估城市水系统的性能和环境绩效。通过 V 模型的应用能够实现对城市水系统的全生命周期管理并促进城市环境的整体健康和可持续发展。

图 2.3-2　城市水系统 V 模型

2.3.2　规模集约

在运营阶段，企业往往面临着运营绩效达标的考验、运营降本增效的压力和挖掘增量项目价值的挑战。不同设施如何联动，人员、技术、工具等资源如何共享，如何集中分散的优势资源以减少重复性投入，项目经验如何转化为经营能力……都是运营企业需要重点考量的问题。集约化管理与资源的高效配置是有效解决上述问题的关键。

运营企业可以设立区域化的运营组织，即按照一定原则成立、开展多项目运营业务与统筹管理的区域性组织机构，它能够超越单一项目的局限，立足区域整体利益，实现区域内人力、物资等资源的统筹、共享与集成，提高资源利用效率，化"规模不经济"为"规模经济"。此外，区域化组织还可以统筹区域各项目优势和资源禀赋，通过差异化的能力建设和资源配置，打造具有区域特色的运营服务能力，满足区域未来的发展需求。

2.3.3　智慧升级

随着信息技术的发展，通过物联网、云计算、大数据、人工智能等手段与运营业务工作的深度融合，实现城市水系统的精细运营、智慧管控和科学决策已成为"十四五"时期行业发展的必然方向。

传统运营普遍是"头疼医头、脚疼医脚"的被动式运营，数字化工具的应用有望革新这种传统的运营模式。通过将具备实操性的业务标准进行集成部署，可以实现运营业务的及时预测、高效执行、综合反馈，也为业务数据的沉淀、获取和利用奠定了基础，使得运营企业能够更有效地获取、共享和应用运营最佳实践，见图2.3-3。

进一步地，通过建设覆盖全面、规划统一的数据中心，实时对系统中的各类基础数据进行采集、存储和治理，构建涵盖业务全链条的数字孪生体，将水源、水厂、泵站、管网、河道等设施精准地映射在计算机中，实现对城市水系统的仿真交互，连通数字世界与物理世界，构建数字生产力，促进业务流程优化与模式创新，推动行业进步。

图 2.3-3　数字化工具的应用推动运营模式转变

2.3.4　融合发展

城市水系统是涉及多专业、多目标的综合性系统工程，需要综合考虑各个业态之间的关联，构建群策群力、共建共享的社会行动体系，形成多部门联合、全社会联动的治理机制，发挥多元治理主体的环境治理优势，并积极尝试商业模式的创新。可以大胆探索生态补偿定价机制[19]、资源再生利用新模式等激发市场活力。

对大部分运营企业来说，运营期的收入和利润有限，政府可以通过积极辅助运营企业延伸经营边界、丰富商业模式以促进项目开源拓展，进而降低政府侧的财政负担，变相实现利益共享。例如在拓宽使用者付费来源方面，可以从水资源循环利用的角度挖潜中水、再生水用户付费，从工业园区污水处理服务角度直接面向工业企业用户收费。此外，也可进一步探索在环境效益与经济效益之间建立受益者付费机制，将直接受益者、间接受益者纳入付费链条中。目前，国家各部委的政策性资金以建设期投资为主，可以经统筹设计后适度后移补贴至运营端并与运营服务效果评价挂钩，既能减缓项目进入运营期后地方财政付费压力，也能够有效激励和支撑运营期项目的良性运转。

2.4 城市水系统运营启动

城市水系统运营启动，是连接建设和运营或运营转段的重要环节，它通过系统全面地对上一阶段的成果进行排查和审视，降低未来运营中发生风险的概率，为项目从建设完成到日常运营或者运营单位更迭的顺畅过渡提供了保障。一般而言，以 PPP、EPCO 等模式实施的项目，涉及从建设期向运营期转变的"建运交接"环节，或城市水系统设施设备的产权或者管理权属由原运营单位移交至新运营单位的"运营转段"环节。本节将主要从建运交接角度阐述运营启动的工作要点。

建运交接的重要性体现在以下两个方面：

（1）确保工程效果与运营目标一致。在进入运营期之前，运营单位通过建运交接确保项目建成的相关设施和设备符合设计标准、满足运行要求，及时发现和解决潜在风险，并可以使运营团队充分了解和掌握设施设备的实际情况，从而提高运营期的服务效率和质量。

（2）明确管理风险和责任。移交单位和接收单位通过正式的交接可以明确各自的责任和义务，确保出现问题时快速定位责任方，减少纠纷和损失。

建运交接的内容，既包括实体资产的移交，也包括各类资料信息的传递。移交单位一般是施工单位，接收单位一般是运营单位，双方需要做好移交与接收工作。

2.4.1 建运交接工作原则

1. 机制健全

建运交接需要多方参与，涉及的城市水系统设施设备范围广、类型多、数量大、管理权属多样，且涉及的工作内容包含资产盘点建档、产权或管理权属变更、潜在风险排查整改等多项工作，需要统一工作标准、建立相应的管理制度、明确工作流程并做好人员培训工作。

2. 及时高效

在建运交接过程中确保各项工作的及时高效对于政府和企业都至关重要，针对建运交接过程中发现的问题应及时整改，确保尽快过渡至运营期，这不仅关系到城市水系统的稳定运行，也关系到企业的现金流。

3. 经济实用

在接收过程中应节约成本，比如资产盘点要充分利用建设期资料，资产评价以资料查阅与现场目测方法相结合，必要时辅以试验、检测等方法，以最小的经济代价完成资产产权或者管理权属的平稳过渡。

4. 过程可溯

建运交接过程应建立完善的文档管理机制，确保交接过程产生的文件、协议、技术资料等的准确性和完整性，重要文件的移交需要相关方书面确认，以便日后的管理和追溯。

2.4.2　建运交接工作要点

建运交接的主要工作内容包括移交清单编制、尽职调查、技术交底、问题消缺整改、资产资料接收等环节，见图 2.4-1。

图 2.4-1　建运交接工作流程

2.4.2.1　移交清单编制

移交清单主要包括资料清单和资产清单。宜由移交单位负责编制移交清单，明确移交内容，并由接收单位进行复核。

1. 资料清单

城市水系统在规划、设计、建设、试运行等过程中会产生大量的资料，包括政府文件、合约资料、设计资料、工程建设资料和设备资料等。移交单位应编制拟移交的资料清单，并明确资料保存形式、保存地点、档案编号、计划移交形式等，移交时双方应复核相关信息并书面移交。

2. 资产清单

根据城市水系统所涉项目不同，移交设施包括城镇污水厂、城镇供水厂、管网及附属设施、泵站、调蓄池、河道、湖泊、人工湿地等。

移交单位需编制移交资产清单，除了说明移交资产内容及位置等信息外，还需要明确核心技术参数以及运行状态，如该设施具有建筑物、构筑物、设备、仪器仪表等附属设施设备，还应以附表形式列举设备的核心技术指标信息。城镇污水厂移交清单的主要信息如表 2.4-1 所示。

城镇污水厂移交清单主要信息示例 表 2.4-1

序号	移交资产	主要信息
1	城镇污水厂	名称、位置、工艺、处理规模、出水标准、运行状态
2	建筑物	结构、层数、建筑面积、运行状态
3	构筑物	结构、长度、宽度、总高/深度、总容量、运行状态
4	水处理设备及装置	规格型号、生产厂家、数量、单位、安装位置、运行状态
5	……	……

2.4.2.2 尽职调查

接收单位需要组织相关专业的人员对拟接收的资料、资产进行全面审查和评估，并形成书面调查材料。调查时，运用"四面镜子"工作方法开展具体工作，如图 2.4-2 所示。

图 2.4-2 "四面镜子"工作方法

尽职调查方式包括交流访谈、资料核查、实地踏勘等形式，必要时辅以检测化验等。工作内容包括复核资产清单、盘点项目资产、明确需要整改事项，其中资产盘点内容包括核实资产清单技术参数是否与设计一致，设备、设施等是否齐全、完整，标识牌、台账等是否齐全，试运行状态是否正常、稳定，各项考核指标是否稳定达标等。除了针对资产本身的尽职调查，还应从合约、组织、外部环境、绩效考核、资金等方面系统分析项目存在的潜在风险，明确消缺事项、整改措施、整改期限和责任人等。风险案例库示例如表 2.4-2 所示。

风险案例库示例　　　　表 2.4-2

序号	风险类型	图文	风险提示	整改期限	解决建议
1	设计风险		一体化泵站底标高过高，导致一体化泵站筒体外露，影响周围景观，也不利于一体化泵站的保护和维护	竣工验收前	一体化泵站对于露出地上的筒体部分要做防腐处理，加上相应的防护罩，以免遭到破坏
2	工程风险		施工质量差，排水口半封堵且驳岸坍塌	竣工验收前	对排水口进行规范化修复
3	运营风险		污水直排入河，经常出现水质黑臭、居民投诉的情况	持续	对整个河道的截污系统进行排查，发现问题，尽快整改
4	合约风险	每一运营年，本项目各级分项目年使用者付费扣除年可用性服务费与年运营维护服务费之和后仍有余额的，视为该级项目运营当年存在超额收益，甲乙双方按照 6：4 的比例对超额收益进行分配	收益分配比例与甲乙双方出资比例不一致	签约前	收益分配比例应与甲乙双方出资比例保持一致

2.4.2.3　技术交底

移交单位应根据项目特点向接收单位进行交底，交底内容包括技术方案、设施工艺特点、设备操作方法等，以帮助接收单位准确理解和掌握技术要点，必要时可由设计单位、专业分包单位等相关单位配合。

技术交底应采用书面或者录像技术交底与现场技术交底相结合的方式，由移交单位和接收单位签字确认。

2.4.2.4　问题消缺整改

移交单位在正式移交资料和资产之前需要完成消缺事项的整改，主要分为以下三个步骤：

（1）原因分析。进一步核实尽职调查发现的问题，并通过多种手段系统性分析问题产生的根本原因。

（2）方案制定。根据问题根源制定有针对性的解决方案，并评估方案可行性和经济性，必要时可由设计单位等第三方协助。

（3）落实措施。移交单位应尽快按照解决方案组织问题整改，完成后需对实施效果进行后评估，确保彻底解决问题，并请接收单位现场复核。

针对无法短期内完成或者性价比不合理的消缺事项，经相关各方协商后，接收单位可带"病"接收并形成遗留问题清单，明确责任边界、整改方案、责任人及完成时间。

2.4.2.5 资料接收

资料接收过程中需要特别注意核心资料是否齐全，如有缺损应补充完善。因数字化档案管理工具具有检索快捷方便、同步备份快速简单、存储空间小、维护方便、安全等功效，宜优先采用信息化工具管理移交资料档案。

2.4.2.6 资产接收

接收单位应根据接收资产类型、运营标准、绩效考核指标，制定相应的资产接收标准，示例见表2.4-3。现场接收资产时，需比对资产是否达到了接收标准；未达标的资产，可要求移交单位整改完毕后再接收，或明确遗留问题及整改期限后带"病"接收。

资产接收标准（以污水处理厂的工艺为例）　　　　　　　　表2.4-3

评价内容		接收标准
设计参数	工艺类型	满足设计文件、设计规范和运行管理操作规范等要求
	处理规模	
	进水水质	
	出水水质	
	处理水量计量方式	
	在线监测仪器仪表种类、规格、安装位置及数量	
	……	
状态	计量仪器	完整、齐全、准确；检定合格，记录完整；运行正常
	在线监测仪器仪表	完整、齐全、准确；检定合格，记录完整；运行正常（现场移交时需记录水电表数据）
	工艺运行状况	运行良好，进出水水质、水量达标，成本控制良好
	建（构）筑物	结构状态良好，标识标牌和防护措施到位
	……	……

2.4.3　运营维护方案制定

为了做好运营筹备工作，运营单位应针对项目实际情况及绩效考核标准制定运营维护方案，详细规划运营期各项工作。

运营维护方案宜包括运营内容及目标、运营维护的重难点及应对措施、日常运营管理方案、组织架构、管理制度、运营成本、安全生产与应急预案措施、期满移交计划等内容。

需要按照组织架构及人员需求组建运营团队，并制定详细的人员培训计划，开展管理制度、安全生产、岗位技能等方面的培训。此外，还应配备齐全运营管理需要的机械设备及工具，并准备好充足的备品备件、耗材等物资，保障运维工作顺利开展。

第3章

城市水系统
智慧运营体系

INTELLIGENT OPERATION OF
URBAN WATER SYSTEM

03 / INTELLIGENT OPERATION OF URBAN WATER SYSTEM

城市水系统
智慧运营体系

3.1　总体架构与技术路线

3.1.1　城市水系统智慧运营目标

城市水系统运营的本质是资产管理，是通过对城市水系统内繁多资产与多元业态进行协同管理从而创造长效生态价值的过程。

如前文所述，城市水系统是自然水循环和社会水循环耦合的复杂系统，满足城市社会、经济和自然环境的发展需要。因此，城市水系统中的设施、设备和生态系统也具有双重属性。从自然属性来看，它们是城市生态系统的一部分；从社会属性来看，它们也是城市基础设施，通过工程建设形成了实际的经济价值，因此，城市水系统中的设施、设备和生态系统都应被视为资产，见图 3.1-1。

2024 年财政部、住房和城乡建设部、工业和信息化部等六部委印发《市政基础设施资产管理办法（试行）》（财资〔2024〕108 号），办法中对市政基础设施资产做了明确的定义，即为满足城镇居民生活需要和公共服务需求而控制的、促进城市可持续发展的工程设施等资产，并指出市政基础设施资产管理应当遵循统筹协调、权责一致、规范核算、全面报告的原则；进一步强调了城市水系统中各类资产的重要性，它们不仅是城市基础设施的关键部分，也具有显著的经济和实用价值。

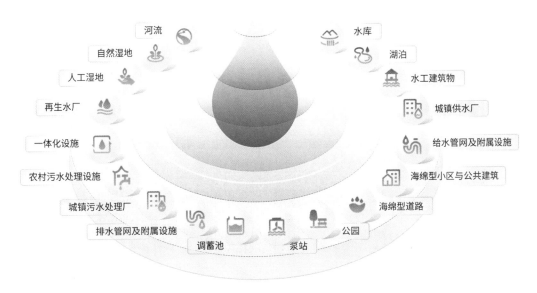

图 3.1-1　城市水系统资产

针对城市水系统运营的痛难点和运营思路，以最少的资源和成本实现环境绩效目标并提供高质量的服务是行业当前的发力重点。系统梳理并构建城市水系统智慧运营技术与管理架构，着力推进业务体系建设，结合数字化技术可提供的支撑，通过数字化工具落地相应流程与标准，沉淀业务数据，并通过大数据、人工智能、模型等方式深入挖掘数据价值，提升业务的效率和质量，降低业务的成本与风险，实现城市水系统的精细运营、智慧管控和科学决策已成为水务行业发展的必然方向。

因此需要构建以资产为核心、以新一代信息技术为支撑、以数据价值深度挖掘为驱动、以城市水系统质量整体改善为目标、涵盖全业务场景的运营体系及平台，促进城市水系统的智慧运营目标的总体达成。最终，通过效率和效果导向双驱动，实现资产的保值增值、资源的优化利用和生态环境价值的提升，同时也促进运营企业加速推进技术创新、提升服务质量和增强市场竞争力。

3.1.2 顶层设计

城市水系统智慧运营的顶层设计需要立体看待城市水系统，既要关注资产本身，又要厘清各项资产与城市水系统的关联逻辑、单个业态的运营目标与系统运营目标的耦合方式，审慎考虑各项资产对城市水系统的动态和综合影响。从全局的角度对城市水系统运营的各方面、各层次、各要素统筹规划，通过深入剖析运营业务的底层逻辑，把握城市水系统的运作原理和关键环节，摒弃权责和职能边界，打破业务条线约束，构建以城市水系统资产为核心，涵盖信息采集、资产评估、分级维护、精细管理、监测预警、综合调度、绩效管理和经营管控全过程，横向覆盖城市水系统各业态，纵向贯穿运营管理全周期的智慧运营体系。

如图 3.1-2 所示，基于资产的全生命周期智慧运营体系通过对城市水系统内的污水厂、管网、泵站、闸站、调蓄池、河道等各类资产进行信息收集和数字化管理，并进行评估分级，为运维计划制定提供支撑；建立结构化、模块化的运维作业标准和流程，并及时统计分析运维中人、材、机等资源的消耗数据，为降本增效奠定基础；构建城市水系统综合监测网络，实时监测各相关指标，为运营效果的评价和管理策略的制定提供依据；基于多目标优化方法，制定各类调度方案和应急预案，实现运营成本最小化和能效最大化。在此基础上，建立运营绩效评价方法和经营管控体系，形成反馈机制以评估和指导运营管理工作，确保经济效益和服务质量，同时为持续改进提供动力。

运营效果与经验反馈到设计与建设阶段，可以全面分析城市水系统的核心问题，提升设计效果和建设质量，最终实现城市水系统全生命周期的最优设计、精细施工、强化管理和长效运行，这种循环往复的过程，推动了技术与管理实践的持续进步，促进城市水系统的可持续发展，也是系统管理的真正体现。

根据智慧运营体系的总体框架和逻辑，提炼运营的关键能力，以统一、通用、精细、可重复、非人格化的思维、理念和方法，将经验性和个体化的知识转化为组织能力，建立可靠有效的工作机制、标准、流程、工具和评价方法（图 3.1-3）。根据实际业务需要，将目标、方法和结果有机衔接，构建多个系统化、模块化、可复制的业务和管理体系（图 3.1-4），这些体系相互独立又相互依存、相互促进，共同构建了一个动态平衡、高效协同的城市水系统运营体系。从而解决城市水系统运营劳动密集与智力密集双重属性的问题，以及多专业交叉所带来的复杂性挑战，为精益运营奠定基础，提高运营企业的胜任力和组织效率。

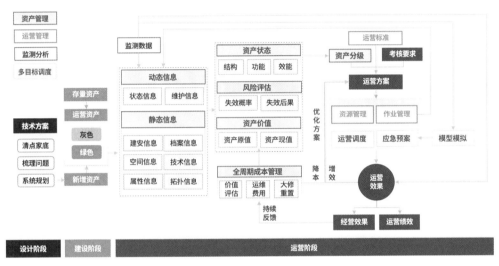

图 3.1-2　基于资产的全生命周期智慧运营体系

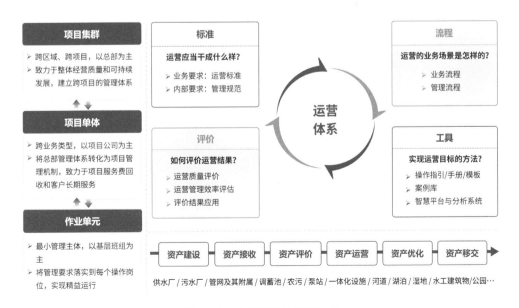

图 3.1-3　运营体系的构成元素

在各业务与管理体系的基础上针对排水管网提质增效、海绵城市建设、城市内涝防控等重点场景开展深化研究，一方面为特定场景的需求提供更为精准和有效的运营方案，另一方面可以推动运营体系的持续优化和升级，确保整个城市水系统运营的高效性和适应性。

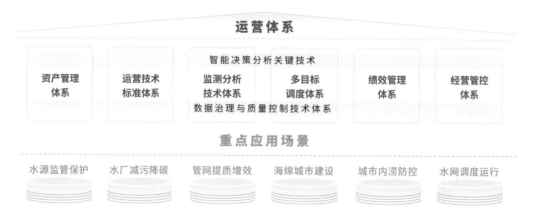

图 3.1-4　运营业务与管理体系

3.1.3　实施路径

早期智慧水务建设往往缺少顶层设计和统一规划，业务流程和数据流程没有打通，信息共享程度低，业务协同能力差，导致平台对运营管理工作的支持有限[20]。信息化的本质是对业务的深刻理解与流程再造，实现城市水系统智慧运营需要系统梳理业务需求，基于业务场景梳理业务逻辑，围绕技术流、作业流、信息流与管理流，拆解各类基本单元，基于数字化理念重构业务流程，定义数据标准，实现业务与数据的双向驱动（图 3.1-5），建立精简、有序、高效的智慧运营体系，为城市水系统提质增效提供有力的理论指导和工具支撑。

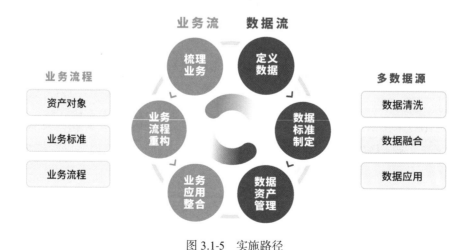

图 3.1-5　实施路径

3.2 资产管理体系

3.2.1 体系概述

3.2.1.1 城市水系统资产基本概念

资产（Asset），是对组织具有潜在价值或实际价值的物品、事物或实体[21]。

价值可以是有形的或无形的，有形价值通常与实物资产相关，如设备、库存等；无形价值则与非物质性资源相关，如品牌、知识产权等。价值可以是财务的或非财务的，财务价值容易用货币衡量，如利润、现金流等；非财务价值则难以直接量化，如客户满意度、员工士气等。价值包含对风险和债务的考量，并且价值在资产寿命的不同阶段浮动变化，例如一台设备在初期可能带来较大的利润，但随着时间的推移，由于折旧和维修成本的增加，其价值可能会逐渐降低。

当多个资产相互关联、共同作用，形成一个有机整体时，这组资产就可以被称作一个资产系统，也可以被看作是一项更大的资产。资产之间的关联可以表现为物理连接（如管道、线路等）、功能互补（如不同设备在生产线上的协作）或信息交流（如计算机系统中的数据共享）。资产系统通过发挥各个资产之间的协同效应，为组织创造更大的价值。

资产管理的理念，来源于企业资产管理（Enterprise Asset Management，EAM）。它是面向资产密集型企业的信息化解决方案的总称，以提高资产可利用率、降低企业运营维护成本为目标，通过信息化手段，合理安排维修计划及相关资源与活动，提供从资产申购、领用、维护到报废的全生命周期管理方案。EAM 适用于在管理设备品种多、价格高并且对设备完好率及连续运转可利用率要求较高的企业，如发电厂、输变电及供电企业、公路运输企业、炼油厂、计算机及电子制造企业等。同时，EAM 还适用于对有形资产维护较多的单位，如图书馆、博物馆、学校、饭店、大型写字楼、大型游乐场等。

如前文所述，在城市水系统中，具有控源截污、排水防涝、废水处理、水系连通、水质改善、生态修复、景观提升、监测预警等功能的各类设施、设备或生态系统都被视为资产。城市水系统资产既包括供水厂、污水厂、排水管网和泵站等传统的较高能耗的工程化给水排水设施，也包括湿地、河道、湖泊和公园等自然或人工模拟自然的生态系统和设施（图 3.2-1），还包括各类设施的附属设备（图 3.2-2）。尽管传统 EAM 体系已十分成熟且有诸多实践案例，但该体系主要围绕设备资产展开，无法满足具有空间分布分散、管理逻辑多元等特点的城市水系统资产协同管理、联合调度的需要，故需要搭建更贴合城市水系统资产管理需求的体系。

在城市水系统运营实践中，人们常将"物资"与"资产"的概念混淆。物资，如管理范围内的作业车船、工器具以及办公用品，是辅助水系统运营管理的重要资源，但它们本身并不是城市水系统的组成部分，需要准确区分两者的概念，以便更加精准地开展城市水系统资产管理。

图 3.2-1　城市水系统设施资产示例（部分图片来源于网络）

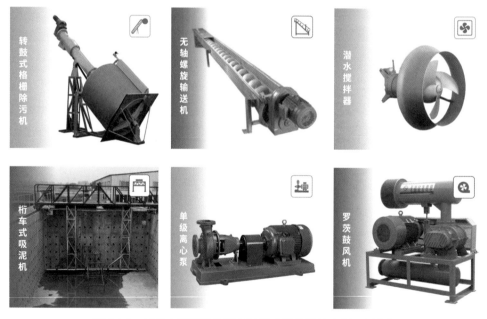

图 3.2-2　城市水系统设备资产示例（部分图片来源于网络）

3.2.1.2　全球城市水系统资产管理研究与应用现状

全球已有许多国家把城市水系统作为资产进行管理。其中，澳大利亚、美国、新西兰、加拿大等发达国家在水务资产管理方面走在了世界前列。

澳大利亚早年出版了许多资产管理相关文献，其中具有代表性的书籍为 *International infrastructure management manual: international edition*（《国际基础设施管理手册》）[22]，曾被多个国家引用和效仿。该手册中将资产管理的目标定义为：通过资产的创建、收购、运营、维护、修复和处置，以最具成本效益的方式满足所需的服务水平，为当前和未来的客户提供服务。此外，澳大利亚在水务资产管理领域建立了完整的资产管理计划（TAMP），该计划全面阐述了水务资产管理理念及具体运用的技术，即开展资产评估时，应列出资产当前情况，考虑资产管理中可能产生的失效模式及对应的原因、发生概率和预计后果，进一步根据工程的使用寿命风险、经济风险和环境风险重新划分水务资产等级。

美国联邦环保局（USEPA）建立了完善且适用于各州情况的水系统资产管理体系和技术标准，提出了围绕资产现状、服务水平、关键资产、最小生命周期成本和长期融资策略五大核心建立的水系统资产管理框架[23]。该框架强调资产管理在全生命周期运营中的重要性，意在通过资产管理以最低的生命周期成本维持令人满意的服务水平，为运营管理最佳实践奠定基础。

新西兰最大的城市奥克兰提出了《2015—2045年资产管理计划》[24]。该计划涵盖整个奥克兰地区雨洪管理的方方面面，并根据需要划分为雨水管理、洪水防护与控制等模块，通过平衡财务、环境与社会成本、机会与风险，保证资产在生命周期内始终达到为社区提供所需的服务水平。此外，奥克兰创建了雨水风险登记册[25]，册中详细说明了各项活动的风险、当前采取的控制措施以及为降低风险即将实施的额外控制措施，并且内容将随资产运营动态更新。

加拿大亦有城市水系统资产管理实践经验。以该国剑桥市为例[26]，剑桥市负责为约13万居民的社区提供必要的服务，其基础设施资产价值约27亿美元，在过去10年中剑桥市逐步建立了完善的资产信息收集和管理流程，定期监控各项资产状态，制定与资产信息管理相关的目标、标准和规划。

此外，国外对城市水系统资产管理信息化系统及模型构建开展了一些研究。例如，由欧洲多个国家与澳大利亚共同合作研发的CARE-S（Computer Aided Rehabilitation of Sewer and Storm Water Networks），作为一套排水管网管理的综合决策支持系统（DSS），可以用于生成与修复决策有关的性能指标（PI），评估管网水力、环境和结构状况，确定修复投资的最佳长期战略，选择优先修复项目的多目标决策（MCD）等[27]，其在德国、英国、法国、澳大利亚[28]等多个国家的城市中已有广泛应用。

将城市水系统作为资产进行管理这个理念在国外发达国家已较为普遍，但不同国家和地区针对水系统资产的不同特点采取了差异化的管理方法和措施。其中，美国地域范围广，各州特点不同，管理方式差异较大，与我国城市水系统资产管理面临的处境相似，因此可以借鉴USEPA的水系统资产管理计划、水系统资产风险评估方法，构建适合我国国情的城市水系统资产管理体系。

3.2.1.3   我国城市水系统资产管理研究与应用现状

近年来，随着海绵城市建设、黑臭水体治理等不断深化，全国各地新建了大量绿色与灰色设施，资产标准化、精细化、智慧化运营的需求日渐迫切。国内部分高校、研究机构及企业开始将目光投向城市水系统资产智慧化管理领域，然而现有研究仍主要集中在城市水系统运行模拟、雨洪控制等方面。王红武等[29]通过 InfoWorks 软件建立雨水系统城市雨洪模型，并对设计降雨强度下排水系统现状进行评估。黄容等[30]构建广州市东濠涌流域的水动力模型，通过对 5 场设计降雨事件进行情景模拟，对比分析了溢流污染改造方案前后溢流点和污染物浓度的削减程度，为合流制溢流污染控制效果评估提供了一个解决思路。程涛、李娜、王立友等国内学者分别对济南、北京等海绵试点城市的径流总量控制效果、低影响开发措施、蓄水排水能力开展了模拟评估[31-35]。

不难看出，当前国内研究聚焦在城市水系统运行整体效果，对资产自身关注较少，鲜见有关城市水系统资产管理理论、风险分析评估方法、全生命周期运营管理成本分析与优化以及具体实施应用层面的报道，不管是理念、体系、方法还是技术工具研究成果都十分欠缺，无法支撑城市水系统运营管理实际需要，因此亟须开展城市水系统资产管理体系构建工作。

3.2.2   建设思路

基于城市水系统智慧运营顶层设计，在广泛调研国内外标准规范、实践案例的基础上，本书系统梳理城市水系统资产在设计建设、运营维护、处置报废或更新改造等全生命周期各环节的特性和管理需求，总结形成城市水系统资产管理体系建设路线，见图 3.2-3。

图 3.2-3   城市水系统资产管理体系建设路线

　　针对不同尺度的城市水系统资产制定由宏观到微观、逐级下钻的分类编码及信息采集系列标准，设计数据校核程序及质量评价方法，并在项目设计建设期间或完成建设正式转入运营期前采集资产的静态信息，在运营维护阶段采集资产的运行状态和维护记录等动态信息，建成涵盖海量数据的资产全息图谱，实现数出同源、数用同标，为资产数据的有效管理和深度分析奠定坚实基础。

　　分类制定城市水系统资产评估分级框架，识别潜在风险，基于城市水系统资产全过程静、动态信息，从结构、功能和效能等多维度运用定性评价与定量评估相结合的手段衡量资产状态，利用基于德尔菲法、层次分析法等筛选资产风险评估指标、设置指标权重，建立资产风险发生可能性与风险发生后果的模型表达，提出典型城市水系统资产风险评估方法和评级策略，形成全要素资产评估分级体系，识别重要资产和关键设施，为资产运营维护方案提供分级指导。

　　研究制定资产全生命周期成本管理框架，考虑资产原值、寿命等多因素，建立以运营管理实践经验为支撑的资产价值评估模型，开展全生命周期成本跟踪管理、累积成本曲线，优化运维策略，基于长期大量成本数据为运营管理方案比选乃至设计方案制定提供重要的数据参考。

3.2.3　资产分类编码与信息采集

　　资产作为城市水系统运营维护的核心对象，其信息对于实现资产的数字化管理至关重要，是运营管理业务的关键数据支撑。

　　资产分类编码及信息采集流程如图3.2-4所示，具体包括：

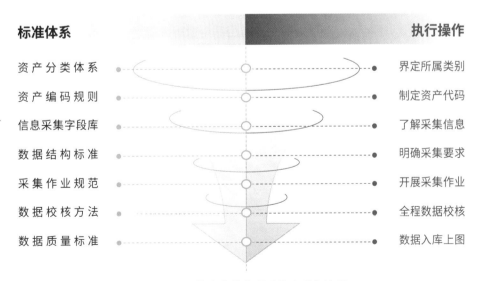

标准体系	执行操作
资产分类体系	界定所属类别
资产编码规则	制定资产代码
信息采集字段库	了解采集信息
数据结构标准	明确采集要求
采集作业规范	开展采集作业
数据校核方法	全程数据校核
数据质量标准	数据入库上图

图3.2-4　资产分类编码及信息采集流程

　　（1）建立多层级、多粒度的分类与编码规则，明确信息采集对象，规范信息来源，统一数据统计口径，厘清信息采集的具体内容，定义各类资产信息采集项和数据结构，建立统一字段库，消除资产信息指标二义性。

（2）制定信息采集作业流程，固化采集程序，规范采集行为，提升信息采集作业整体效率。

（3）系统梳理常见数据质量问题，规范数据校核程序，制定数据质量评价标准，有效衡量信息采集成果质量。通过体系建设，为城市水系统资产信息采集标准达成行业共识、资产数据高效复用、资产数字化应用开发奠定基础，助力城市水系统运营管理模式转型升级。

资产动态信息的数据来源、采集方式与静态信息有所不同，包括开展日常巡查、检测、养护、维修作业时，记录的资产整体功能、内外部结构现状和运维动作，技术标准详见第 3.3 节，以及运用在线监测系统、人工检测或数据调用方式获取的监测检测数据和监控影像，数据质量控制方法见第 3.4 节。

3.2.3.1 分类与编码的常用方法

城市水系统资产类型众多，为便于识别与管理，应将资产进行分类。资产分类的基本原则为：

（1）科学性原则。选择城市水系统资产最稳定的本质属性及其中存在的逻辑关联作为分类的基础和依据。

（2）扩展性原则。在类目的扩展上预留空间，保证分类体系有一定弹性，可在本分类体系上延拓细化。

（3）兼容性原则。分类与国内外已有的相关标准相协调，保持继承性和实际使用的延续性，同时与相关部门正在采用的分类与编码兼容并包。

（4）实用性原则。考虑资产管理的现实需要，在进行分类时，类目设置应全面、实用，分类应涵盖城市水系统中常见设施、设备，对主流的、重要的和使用频率较高的资产单独列出，突出重点，方便检索和管理。

常用的分类方法有线分类法、面分类法和混合分类法。

线分类法又称层次分类法，是将分类对象按选定的若干属性（或特征）逐次地分为若干层级，每个层级又分为若干类目。同一分支的同层级类目之间构成并列关系，不同层级类目之间构成隶属关系。

面分类法又称组配分类法，是选定分类对象的若干属性（或特征），将分类对象按每一属性（或特征）划分成一组独立的类目，每一组类目构成一个"面"，再按一定顺序将各个"面"平行排列。使用时根据需要将有关"面"中的相应类目按"面"的指定顺序组配在一起，形成一个新的复合类目。

混合分类法是将线分类法和面分类法组合使用，以其中一种分类法为主，另一种做补充的信息分类方法。

我国通行的固定资产登记管理、清查、登记、统计等工作采用线分类法[36]，按照门类、大类、中类、小类4个层次划分固定资产类别；对于城市排水防涝设施，国家标准[37]规定首先采用线分类法将排水设施按类型依次划分为大类和小类，如排水管网-检查井，再将行政区划和排水设施类型作为2个面，组配形成一个复合类目，如北京市东城区-排水管网-检查井。水务公司通常采用混合分类法进行资产类型划分，依次从所属水司、生产单元、设备分类（大类-中类-小类）3个维度划定资产类别。

编码是将事物或概念（编码对象）赋予具有一定规律、易于计算机和人识别处理的符号，形成代码元素集合。编码的主要作用就是标识、分类、参照，因此资产编码的基本原则为：

（1）唯一性原则。每项资产只有一个标识码，每个标识码仅表示一项资产。

（2）合理性原则。编码结构应与分类体系相适应。

（3）扩展性原则。应留有适当的后备容量，以适应新需求和新变化。

（4）简明性原则。编码结构应尽量简单，长度尽量短，以节省机器存储空间、降低出错率。

代码根据其含义性，可分为无含义代码和有含义代码。

无含义代码可分为顺序码和无序码。顺序码是从一个有序的字符集合中顺序地取出字符分配给各个编码对象，又可进一步细分为递增顺序码、系列顺序码和约定顺序码；无序码是将无序的自然数或字母赋予编码对象，此种代码无任何编写规律，是靠机器的随机程序编写的。

有含义代码可分为缩写码、层次码、矩阵码、并置码和组合码。缩写码即依据统一的方法缩写编码对象的名称，由取自编码对象名称中的一个或多个字符赋值成编码表示；层次码以编码对象集合中的层级分类为基础，将编码对象编码成为连续且递增的组；矩阵码以复式记录表的实体为基础，赋予这个表中行和列的值用于构成表内相关坐标上编码对象的代码表示；并置码是由一些代码段组成的复合代码，这些代码段提供了描绘编码对象的特性，而这些特性是互相独立的，这种方法的编码表达式可以是任意类型（顺序码、缩写码、无序码）的组合；组合码也是由一些代码段组成的复合代码，这些代码段提供了编码对象的不同特性，与并置码不同的是，这些特性互相依赖并且通常具有层次关联[38]。

3.2.3.2　城市水系统资产分类

城市水系统资产按基本属性可分为设施、设备两大类。设施，是为某种需要而独立设计，通过建造、安装或构建来服务实体需要的资产的总称[39]，且设施通常不可移动，例如水厂、泵站、排水管网等。设备，是为某种需要而开发的一套装置，可供人们长期使用,并在反复使用中基本保持原有实物形态和功能。设备包括通用设备和专用设备,通常具有可移动性,例如水泵、电机、阀门等。

在城市水系统中,设备总是在空间、结构或系统功能上隶属于某项设施。设施是设备得以安装、运行和发挥作用的物理基础和支撑,同一台设备如果安装在不同的设施中,便会在系统中发挥不同的功能。

在设施或设备资产内部,可根据具体特征逐次分成由高至低的层级,各层级中的类目具有层次分明、隶属关系明确等特点。因此城市水系统资产宜采用以面分类法为主、以线分类法为补充的混合分类法进行分类,以高效准确地划分资产类型。

选择项目、设施和设备作为城市水系统资产三个彼此独立的"面",每个面中又细分成不同类目。使用时,根据需要将项目、设施和设备各个面中的类目组配起来,形成一个复合类目。每个复合类目代表一种特定的城市水系统资产。以表 3.2-1 为例,将项目、设施和设备的有关类目组配起来以表示特定的城市水系统资产,如 A 项目河道、B 项目城镇污水处理厂离心式污泥浓缩机和 C 项目泵站提篮式格栅等。

城市水系统资产分类方法示例

表 3.2-1

项目	设施	设备
A 项目	河道	射流曝气器
B 项目	城镇污水处理厂	离心式污泥浓缩机
C 项目	泵站	提篮式格栅
……	……	……

项目、设施和设备三个"面"中详细类目的划分规则如下:

(1)项目分类。项目是城市水系统资产的管理单元,通常以行政区划、管理边界或建设项目四至范围划定,每个管理区域即为一个类目。

(2)设施分类。按设计理念划分设施的第一层级,将设施划分为灰色设施和绿色设施 2 个大类类目,灰色设施是指传统的较高能耗的工程化给水排水设施,绿色设施是指采用自然或人工模拟自然的生态系统和设施。在海绵城市和生态治理理念指导下,越来越多城市选择采用灰绿协同的方式开展城市水系统综合治理。按形式划分设施的第二层级,将灰色设施细分为城镇供水厂、城镇污水厂、农村污水处理设施、排水管网及附属设施、给水管网及附属设施、泵站、调蓄池、一体化设施和水工建筑物共 9 个中类类目,将绿色设施细分为公园、海绵型小区与公共建筑、海绵型道路、河道、湖泊、水库、人工湿地和自然湿地共 8 个中类类目;按结构或形式划分第三层级,将设施各中类进一步细分为设施小类。按此方法将设施资产逐层分为大、中、小 3 类,形成树形结构分类目录。

(3)设备分类。参考国家统计局产品分类目录[40],依次将设备划分为 3 个层级,第一层级为设备大类,第二层级为设备中类,第三层级为设备小类,形成树形结构分类目录。

城市水系统设施设备分类体系如图 3.2-5 所示。

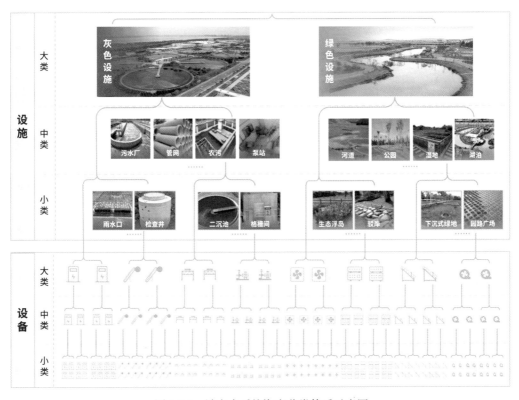

图 3.2-5　城市水系统资产分类体系示意图

表 3.2-2 展示了基于城市水系统智慧运营管理最佳实践总结的设施大类、设施中类和设备大类的类目,供从业者参考。

设施大类、设施中类和设备大类类目示例　　　　　　　表 3.2-2

设施分类		设备大类
灰色设施	城镇供水厂	水处理设备及装置
	城镇污水厂	水环境综合治理专用设备
	农村污水处理设施	固体废弃物处理设备
	排水管网及附属设施	大气污染防治设备
	给水管网及附属设施	噪声与振动控制设备
	泵站	起重及搬运设备
	调蓄池	泵及一体化液体提升设备
	一体化设施	闸门及阀门
	水工建筑物	管道附属设备

设施分类	设备大类
	公园	通用设备
	海绵型小区与公共建筑	电气设备及器材
	海绵型道路	工业自控系统
绿色设施	河道	仪器仪表
	湖泊	消防及安防
	水库	通信设备
	人工湿地	风机
	自然湿地	杂品

为确保体系覆盖城市水系统运营维护对象，在各设施、设备分类体系中均设置收容项，用于表示各层级中尚未列出的资产类型，如零星小品及配套装置等。

3.2.3.3　城市水系统资产编码方法

鉴于城市水系统资产类别多样、数量庞大且空间分布广泛的特性，采用组合编码方式，将具有特定含义的代码段复合形成资产标识码。其中，设施资产标识码由项目代码和设施代码两部分组成，结构形式示例见图 3.2-6。在城市水系统中，设备总是隶属于特定设施，因此设备资产标识码由项目代码、设施代码和设备代码三部分组成，结构形式示例见图 3.2-7。

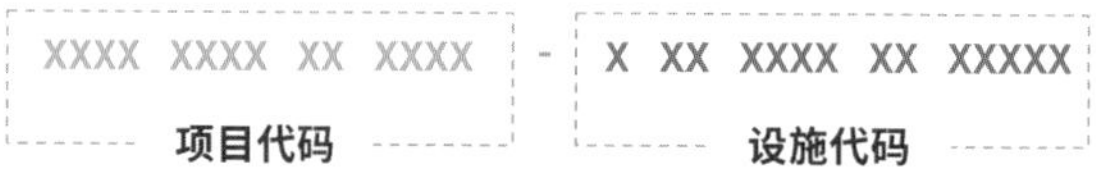

图 3.2-6　设施资产标识码结构形式示例

图 3.2-7　设备资产标识码结构形式示例

设施代码和设备代码均以层级代码为主体，层级中采用顺序码。层级代码根据资产的分类层级确定，代码与之一一对应；代码自左至右表示的层级由高至低，代码的左端为最高位层级代码，右端为最低层级代码。顺序码采用递增的数字码。为了便于读写，项目代码、设施代码和设备代码之间使用"-"分隔，设施代码和设备代码内部各层次代码之间使用空格分隔。

为保证唯一性，任何代码变更或撤销，其代码应予以废止，且不得重新赋予其他对象。

3.2.3.4　城市水系统资产信息采集内容

当前，城市水系统存在资产信息采集困难、数据错误或缺失、信息时效性差和重复采集等问题，究其原因主要有以下几个方面：首先，数据来源多样、统计口径五花八门，设计施工图纸、现场勘探、设备档案等不同数据源的数据质量、格式、精度等可能存在较大差异，对同一指标可能存在不同的测量标准和计算方法，导致数据难以直接比较和使用；其次，城市水系统数据结构较复杂且术语不统一，水系统中包含了大量实时数据、历史数据、空间数据等结构各异的数据类型，同一术语在不同场景中可能描述不同的事项，而不同术语又可能描述同一事项，这就增加了数据理解和整合的难度；最后，现有可用数据及其背后业务定义、数据时效性和血缘关系等不清晰，导致数据资产难以被有效复用和共享。若想充分利用沉睡、分散的数据资源，必须做好数据源头的标准化和规范化，建立健全资产信息采集标准体系，以资产数据驱动运营业务，以数据协同促进业务协同。

本书将城市水系统资产信息分为 8 类，即属性信息、技术信息、空间信息、拓扑信息、建安信息、档案信息、状态信息和维护信息。其中，属性信息、技术信息、空间信息、拓扑信息、建安信息和档案信息是相对静态的，资产一经建成信息内容便固定下来，当资产失效或因运营需求变化而实施升级改造时，相关信息会发生变动。状态信息和维护信息是动态数据，记录资产在生产运行过程中的真实状况以及维修养护动作。表 3.2-3 对资产信息的主要内容及信息来源进行了总结。

资产信息采集主要内容及信息来源　　　　　　　　　表 3.2-3

信息类别	采集数据	信息来源
建安信息	资产设计、建设、运营过程中的里程碑节点事件和相关单位	工程技术档案和管理资料
空间信息	平面坐标系和高程系统	
	平面坐标和高程	现场勘探盘点数据及工程技术档案和管理资料
	地址、地区类型等	
属性信息	材质、形状、尺寸、建设方式等关键物理属性，建设投资或采购价格等财务属性	现场勘探盘点数据及工程技术档案和管理资料
技术信息	反映资产设计目标的技术参数	工程技术档案和管理资料
拓扑信息	与其他要素之间的邻接、关联和包含关系	现场勘探盘点数据及工程技术档案和管理资料
状态信息	资产整体功能、内外部结构、防护设施以及标识标牌情况	巡检记录、视频影像、检测报告等
	液位、流量、流速、水质、气体及设施设备启停状态等监测检测数据	人工采样化验分析、在线监测设备

续表

信息类别	采集数据	信息来源
维护信息	资产的养护或维修事件	养护或维修记录
档案信息	重要文件、资料	工程技术档案和管理资料

资产信息的数据结构一般包含信息采集字段数量、字段名称、数据类型、数据格式、约束条件和信息采集说明等要素。字段数量即资产数据表中需要采集的字段数量的总和；字段名称设计应简明、通用，避免使用不同字段表达相同或相似含义，减少冗余数据（表 3.2-4）；数据类型包括数值型、整型、字符型和时间型，并应对字符型数据的长度、数值型数据的位数作出明确规定，以统一数据结构（表 3.2-5）。

字段名称优化设计示例

表 3.2-4

冗余字段	通用字段
鼓风机型号，格栅型号	型号
泵站地址，调蓄池地址，农村污水处理设施地址	地址
管径，直径，排水管管径，排水管管径，排水管直径，排水管直径 D，排水管直径 d，排水管外径，出水管管径	管径

资产数据类型及格式

表 3.2-5

数据类型	数据格式
数值型	表示数量的一种数据类型，数据格式为 $D(N,n)$，N 为十进制数字，描述数值型数据的整数位数，n 为十进制数字，描述数值型数据的小数位数
整型	不含小数点部分的数值型数据，包括占用 2 个字节的短整型数据和占用 4 个字节的长整型数据
字符型	由中文字符、英文字母、数字、标点、符号和空格等组成，数据格式为 $C(n)$，n 为十进制数字，描述字符串的最大长度
时间型	时间型数据的格式为 "HH:mm" 日期型数据的格式为 "YYYYMMDD" 日期时间型数据的格式为 "YYYYMMDD HH:mm"

3.2.3.5 城市水系统资产信息采集流程

城市水系统资产信息采集包括数据采集、校核、建库及更新等工作。资产静态数据采集总体流程如图 3.2-8 所示。

1. 已有资料收集

应在建运转段或者接受资产时，尽量收集已有资料，并且应优先收集设施设备的竣工资料。如竣工资料尚未取得，可用设计资料代替，注明数据来源，并在竣工验收合格、取得相关资料后及时更新数据。已有资料的形式包括纸质文档、电子文件、现有信息系统数据库等。

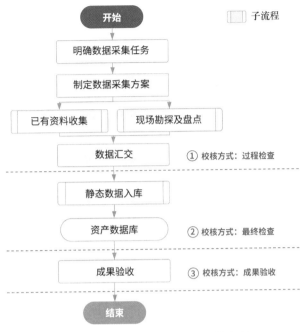

图 3.2-8　资产静态数据采集总体流程

2. 现场勘探及盘点

现场勘探及盘点主要采集资产的平面坐标和高程，查明或核实的资产类别、位置、规格、材质、建设方式、埋深、拓扑关系等特征数据，以及利用智能移动设备终端拍摄的图像或视频等。

勘探宜采用 CGCS2000 国家大地坐标系和 1985 国家高程基准。采用其他平面坐标和高程基准时，应与 CGCS2000 国家大地坐标系和 1985 国家高程基准建立换算关系。

3. 数据入库

数据汇交后即审核入库，分为入库前检查与审核、入库后数据比对校核两个环节。数据入库前，主要进行数据的完整性检查、信息准确性及合理性检查、格式规范性以及资料质量检查。而数据入库后，主要进行空间位置、拓扑关系等方面的检查，同时需要检查入库数据与已有数据库是否冲突。

3.2.3.6　数据校核与质量评价

如图 3.2-8 所示，资产静态信息的采集成果应采用"二级检查一级验收"方式校核。校核环节依次为：过程检查、入库检查和信息采集成果验收，具体校核程序、检查方式、检查时间及责任主体要求见表 3.2-6。各环节校核工作应独立、按顺序进行，不得省略、代替或颠倒顺序。

静态信息校核程序   表 3.2-6

校核程序	检查方式	检查时间	责任主体
第 1 步：过程检查	采用全数检查	信息采集作业全过程	资产信息采集作业人员
第 2 步：最终检查	一般采用全数检查，涉及现场检查项的可采用抽样检查	数据入库	资产信息管理人员
第 3 步：成果验收	一般采用抽样检查。应对样本进行详查，必要时可对样本以外成果的重要检查项进行概查	数据建库完成后	资产运营管理单位或委托的第三方机构

完成资产信息采集后，应及时开展数据质量分析工作，评估数据的准确度和可靠性，处理异常数据。表 3.2-7 总结了主要数据质量检查项目及对应的错漏级别判定标准，根据数据质量等级核定资产信息采集成果总体质量等级。如果在数据质量评价时发现伪造成果现象或技术路线存在重大偏差，应判定成果总体质量为不合格。

数据质量检查项目及错漏级别判定标准   表 3.2-7

检查项目	A 级错漏	B 级错漏	C 级错漏
数据完整性	①资产清单与事实严重不符 ②必填数据项缺失	①资产清单与事实存在多处不符 ②选填数据项大量缺失	①资产清单存在少量错漏 ②选填数据项少量缺失
数据准确性	部分数据误差超限，有效数据比例＜95%	少量数据误差超限，有效数据比例＜98%	其他轻微错漏
数据一致性	数据关联关系的正确率＜95%	①数据关联关系的正确率＜98% ②多源数据信息不一致，未进行科学合理甄别	其他轻微错漏
数据规范性	数据格式存在不合规情况，即数据格式合规率＜100%	空间数据坐标系未按要求转换	其他轻微错漏
数据唯一性	①多项资产重复记录 ②多项资产标识码重复	①个别资产重复记录 ②个别资产标识码重复 ③多项归档文件重复存储	少量归档文件重复存储
观测质量	①数据采集方法严重错误，选取的各类指标及参数错误，计算结果、分析结论不正确 ②数据采集方法与方案存在严重偏差 ③原始记录连续涂改 ④数据采集存在其他严重错漏	①数据采集方法的技术指标有轻微超限，成果取舍不合理，数据取位不合要求，存在对结果影响较小的计算与分析错误 ②数据采集方法不符合方案要求 ③记录修改不符合规定 ④数据采集存在其他较重错漏	①数据采集条件掌握不严，存在不影响成果质量的计算与分析错误 ②数据采集存在其他轻微错漏

检查项目	A 级错漏	B 级错漏	C 级错漏
资料质量	①主要资料缺失或时效性不满足要求 ②资料文字或数字错漏较多，对资料使用造成严重影响 ③资料存在其他严重缺陷	①重要资料缺失或时效性不满足要求 ②资料重要文字、数字错漏 ③资料存在其他较重缺陷	①资料不完整，资料时效性较差 ②资料次要文字、数字错漏 ③资料存在其他轻微缺陷

3.2.4 资产评估分级

如图 3.2-3 所示，城市水系统资产的重要性可从运行状态、自身价值以及潜在风险等多维度衡量。评估资产的重要性可指导运营人员精准锁定系统中的重要项目和关键资产，制定有针对性的管理策略，提升运营的效率和效果。以排水管网为例，依次评价管网运行状态与风险，确定各管线和节点设施的重要性等级，从而确定片区的重要性等级，支撑项目整体分区分级的运维养护计划制定（图 3.2-9）。

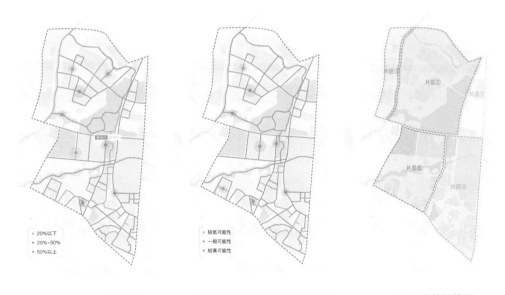

管网运行淤积与水位分布　　管网风险可能性分析/后果分布　　分级巡查养护管理

图 3.2-9　排水管网分级管理示意图

一方面，由于城市水系统内部各设施间的关联关系和拓扑结构错综复杂，有时一类运营资产或单个项目的状态可以反映另一类运营资产或系统整体的运营效果。例如，对于雨水管道而言，内部淤积深度是其资产功能状态的直接反映，同时雨水管段严重淤积可能导致上游片区排水不畅甚至引发城市内涝，并且淤积物还可能随水流进入下游管道或水体造成二次污染，因此雨水管道内部的淤积深度也是评价雨水管网整体运行效果的重要指标。另一方面，关键设施、设备在大型系统中扮演着核心角色，由其状态指标的组合可推断系统整体的运营效果。例如，在城镇污水处理厂中，格栅除污机、污水提升泵和曝气设备等关键资产的运行性能将直接影响污水处理效果和水厂整体出水达标情况。图 3.2-10 示意了上述关键资产的状态与系统整体的运营效果间的特殊关联，实际上出现同一指标在不同评价尺度下划分范畴的变化与城市水系统各层级运营目标差异有关。

图 3.2-10　运营资产状态与系统整体运营效果间关联的特殊情况

3.2.4.1　资产状态评估方法

资产状态可从其结构状态和功能状态等方面衡量。评估方法包括定量分析和定性分析 2 种方式。定量分析的具体方法有目视检测、无损检测、破坏性试验和数值模拟等，定性分析则主要是评价资产的可用性、可靠性以及可达的服务水平。

例如，现行城镇排水管道检测与评估技术规程就采用了定量分析与定性分析相结合的方法评价管道的结构性缺陷程度和功能性缺陷程度[41]。以管道结构性缺陷评估为例，该规程中首先将结构性缺陷定性划分为破裂、变形、腐蚀、错口、起伏、脱节等10 类，并将每类缺陷的严重程度划分为 4 个等级，等级评定主要采用定量分析方法，例如变形不大于管道直径 5% 的为 1 级变形，赋 1 分，变形为管道直径 5%～15% 的为2 级变形，赋 2 分，依此类推。根据单个缺陷严重程度、管段内缺陷数量及缺陷之间的净距，计算管段损坏状况参数和结构性缺陷密度。最后根据求得的管段损坏状况参数核算管段结构性缺陷参数，并评定该段管道的结构性缺陷等级。

设备资产则常常通过外观检查、状态监测或故障频率统计等方式评估其当前状态。设备资产主要状态监测技术如表 3.2-8 所示。

实践中，可结合不同类别资产的特性设计相应的状态评估方法。资产状态评估的结果还可应用于后续的风险可能性分析，资产运行状态越差，其发生风险事件的可能性越大。

设备资产主要状态监测技术及其适用范围　表 3.2-8

物理特征	检测目标	适用范围
振动	稳态振动、瞬态振动模态参数等	旋转机械、往复机械、流体机械、转轴、轴承、齿轮等
油液	油品的理化性能、磨粒的铁谱分析及油液的光谱分析	设备润滑系统、有摩擦副的传动系统、电力变压器等
温度	温度、温差、温度场及热图像等	热工设备、电机电器、电子设备等
声音	噪声、声阻、超声波声发射等	压力容器及管道、流体机械、阀门、断路开关等
无损检测	射线、超声、磁粉场、渗透、涡流探伤指标等	压延、铸锻件及焊缝缺陷检查，表面镀层及管壁厚度测定等
压力	压力、压差、压力联动等	液压系统、流体机械、内燃机、液力耦合器等
强度	荷载、扭矩、应力、应变等	起重运输机、各种工程结构等
电气参数	电流、电压、电阻、功率、电磁特性、绝缘性能等	电机、电器、输送变电设备、微电子设备、电工仪表等
表面状态	裂纹、变形、点蚀、剥脱腐蚀、变色等	设备及零星的表面损伤、交换器及管道内孔的照相检查等

3.2.4.2　资产价值评估模型

资产价值评估一般采用考虑时间价值的原值折旧法或基于当前价值的重置成本法。具体评估时，可结合资料获取情况采用其中任意一种方法，或者同时采用两种方法进行评价，并以两种方法评估结果的算数平均值作为资产价值评估结果。如涉及历史文化遗产的，应综合考虑资产的文化价值。

考虑时间价值的原值折旧法是基于资产建设时的成本费用（即资产原值），结合使用年限，综合考虑货币的时间价值、资产的成新率来估计资产的实体性贬值。具体计算方法如下：

$$V_T = Y_t \times (1 + r)^n \times A \tag{3.2-1}$$

$$n = T - t \tag{3.2-2}$$

式中：V_T——资产在 T 年评估时的现值；

　　　Y_t——资产通过竣工验收当年的原值，宜按资产工程造价（第一部分费用）取值；

　　　t——资产通过竣工验收的年份；

　　　T——评估资产现值时的年份；

　　　n——评估资产现值时的年份与通过竣工验收的年份之差；

　　　r——折现率，可结合十年期债券收益率和项目具体情况确定；

A——成新率。

成新率 A 的计算可采用观察法、年限法和修复法。观察法是指具有专业知识和丰富经验的评估人员对资产的各主要部分进行技术鉴定，并综合分析资产的设计使用年限、实际使用状态、维护修理情况、资产的使用效能以及技术进步等情况对资产的功能、使用效率带来的影响，判断被评估资产的成新率的方法；年限法是以资产的尚可使用年限与其总使用年限的比率来确定成新率的方法；修复法是以修复资产损耗，恢复其原貌和原有全新功能所需支出的费用占该资产重置成本的比率来确定成新率的方法。

重置成本指在价值评估当年将资产恢复至全新状态的费用，基于当前价值的重置成本法是综合分析资产的设计、建设、使用、损耗、维护、大修、改造及物理寿命等因素，将其与全新状态相比较，科学合理判断被评估资产的成新率从而估计实体性贬值的方法。具体计算方法如下：

$$V_T = V_{0T} \times A \tag{3.2-3}$$

式中：V_T——资产在 T 年评估时的现值；

　　　V_{0T}——资产在 T 年评估时的重置成本；

　　　A——成新率。

资产价值评估方法较成熟，通常由具备执业资格的专业人员遵循独立、客观、公正的原则估算。

3.2.4.3　资产风险评估模型构建方法

《风险管理　指南》对风险的定义是"不确定性对目标的影响"[42]，资产风险分析的目的在于识别和管理潜在风险，从而在预算范围内采取措施并实现目标可达。因风险具有复杂性和动态性等特点，因此在评价城市水系统资产重要性时，准确度量风险的挑战最大。风险管理的基本流程包括风险识别、风险分析、风险评价、风险控制等阶段，见图 3.2-11。

城市水系统风险成因很多，设计不合理、施工不达标、运行效率低以及故障等都可能导致资产失效。结构失效是指资产由于如故障、外力破坏等原因导致结构破损或变形而无法满足工作要求时的风险模式，功能失效则是指资产因环境因素如管道高水位运行或技术进步等非资产自身结构损坏原因导致的无法满足现状功能要求时的风险模式。

城市水系统管理者需要全面识别潜在风险源，而风险矩阵法是资产风险分析最常用的方法，它是一种定性、定量相结合的方法，该方法依赖于对风险事件发生可能性的分析和对风险事件带来后果的分析，通过风险可能性（Probability of Risk，POR）、风险后果（Consequences of Risk，COR）、计算风险值（Risk Value，RV），结合风险等级矩阵确定资产的风险等级。

风险可能性是指资产结构破坏或失去自身功能等的概率，采用风险可能性评估模型计算，计算方法见式(3.2-4)。

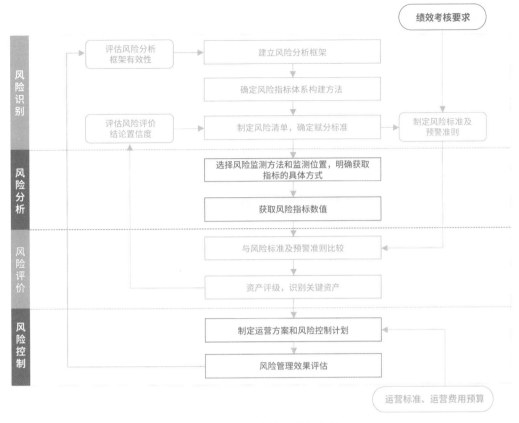

图 3.2-11　风险管理基本流程

$$POR = \sum_{i=1}^{n} a_i(POR)_i \qquad (3.2\text{-}4)$$

式中：a_i——指标权重；

　$(POR)_i$——指标得分；

　　i——指标个数，取值 $1,2,\cdots,n$。

当 POR 得分为 1 时，风险可能性等级为 1；POR 得分为(1,2]时，风险可能性等级为 2；POR 得分为(2,3]时，风险可能性等级为 3；POR 得分为(3,4]时，风险可能性等级为 4；POR 得分为(4,5]时，风险可能性等级为 5。

风险后果是指资产风险发生后有可能引起的环境、经济、社会等影响，采用风险后果评估模型计算，计算方法见式(3.2-5)。

$$COR = \sum_{i=1}^{n} b_i(COR)_i \qquad (3.2\text{-}5)$$

式中：b_i——指标权重；

　$(COR)_i$——指标得分；

　　i——指标个数，取值 $1,2,\cdots,n$。

当 COR 得分为 1 时，风险后果等级为 1；COR 得分为(1,2]时，风险后果等级为 2；COR 得分为(2,3]时，风险后果等级为 3；COR 得分为(3,4]时，风险后果等级为 4；COR 得分为(4,5]时，风险后果等级为 5。

风险值是风险可能性等级与风险后果等级的乘积，计算方法见式(3.2-6)。

$$RV = POR \times COR \tag{3.2-6}$$

式中：RV——风险值；

　　POR——风险可能性等级；

　　COR——风险后果等级。

计算出 RV 后，根据表 3.2-9 风险等级矩阵判断资产的风险等级。

风险等级矩阵示例　　　　　　　　　　表 3.2-9

风险等级		风险可能性等级				
		1	2	3	4	5
风险后果等级	1	低	低	较低	较低	中
	2	低	较低	中	中	较高
	3	较低	中	中	较高	较高
	4	较低	中	较高	较高	高
	5	中	较高	较高	高	高

通过建立评估指标体系、确定各指标权重、制定指标赋分标准，构建风险评估模型。此后便可依据风险评估模型开展资产风险值的测算，确定资产风险等级。

评估指标的选取应保证指标易获取且具有较强代表性。常用的指标选取方法包括文献调查法、历史资料/运行经验法和专家调查法。其中，专家调查法也称德尔菲法，本质上是一种反馈匿名函询法。在调查过程中，采用匿名或是背靠背发表意见的方式（即专家之间不得相互讨论，不发生横向联系），通过调查专家对调查结果进行评价，经过征询、归纳、修改、调整，最后汇总形成专家基本一致的结果，专家意见征询可开展多轮，专家调查法预测程序如图 3.2-12 所示。为选取能够恰当表征资产风险的指标，实践中往往需要综合应用上述三种方法建立指标体系。

建成评估指标体系后，应进一步明确各指标的计算方法、数据来源及赋分标准，各指标赋分从低到高可分为 1、2、3、4、5 共五个等级。制定赋分标准时，需保证各等级有明确的划分界线，可视等级划分难易程度适当减少等级数量。

一般采用问卷调查法确定指标权重。问卷调查的对象不限于行业内专家，还包括行业内各层级技术人员、管理人员和运营一线人员等。请问卷调查对象对指标重要性打分，将各指标得分平均值占所有指标得分平均值之和的百分比作为指标权重。指标权重计算公式如下：

$$W_i = \frac{\overline{S}_i}{\sum\limits_{i=1}^{N} \overline{S}_i} \times 100\% \tag{3.2-7}$$

$$\overline{S}_i = \frac{S_1 + S_2 + \cdots + S_n}{n} \tag{3.2-8}$$

式中：W_i——第 i 个指标的指标权重；

　　　$\overline{S}_i$——第 i 个指标的得分平均值；

　　　N——指标总数；

　　　n——问卷调查人数。

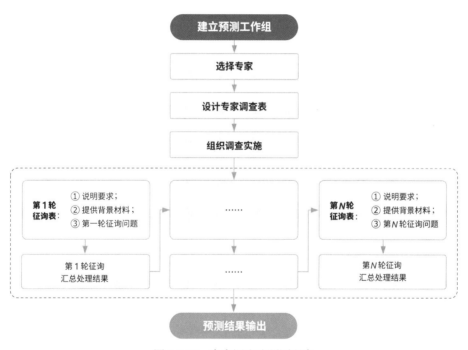

图 3.2-12　专家调查法预测程序

3.2.4.4　典型城市水系统资产风险评估模型

运用上文所述的建模方法，以排水管网风险评估为例介绍模型组成及使用方法[43]。

排水管网及附属设施由排水管段及其附属的检查井、雨水口、排放口等排水节点组成，其中排水管段又可根据其排水体制细分为污水管段、雨水管段、合流管段和截流管段。风险评估以排水管段和排水节点为对象开展，但排水管网空间跨度较大、组成较复杂，完成排水管段和节点等最小运营单元的风险评估后，需基于管评估结果进一步分析系统整体风险。

风险评估前首先需设立风险红线，资产一旦发生红线所涉及的情形，则直接认定资产失效，不再计算风险值或者将风险可能性和风险后果调整为最大值。资产失效后应及时组织修缮工作，降低运营风险和负面社会影响。在具体应用时，各地可根据自身项目特点调整风险红线设置标准。如果资产尚未触及风险红线，则依据模型开展评估工作。

影响排水管网风险可能性的主要因素包括资产的使用寿命、材质、结构性能及所处外界环境的压力等。例如，使用年限与设计使用年限的比值越高，管段结构性缺陷和功能性缺陷等级越高，或存在混接、错接、私接现象，风险发生可能性越大；钢筋混凝土、球墨铸铁类管段的风险发生可能性与砖石、陶土类管段相比更小。

影响排水管网风险后果的主要因素包括资产的属性、对受纳水体的影响、所在位置以及其他相关环境、社会因素等。例如，排水管段的管径越大，风险发生后的影响范围越广，后果越严重；排水管段附近易涝点数量越多，风险发生后的影响越恶劣。

在高度总结运营经验、广泛意见征询的基础上，建立排水管段、检查井、截流井、雨水口、排放口和排水区域的风险评估模型。表3.2-10、表3.2-11和表3.2-12分别为排水管段的风险红线、风险可能性评估模型和风险后果评估模型。依据评估模型，按照式(3.2-4)和式(3.2-5)分别计算资产的风险可能性得分和风险后果得分，确定风险可能性等级和风险后果等级，按照式(3.2-6)相乘计算得出风险值RV。将风险划分为高风险、中高风险、中风险、中低风险和低风险5个级别，并用表3.2-9所示的风险矩阵表示。如果$RV \in [1,2]$，则风险等级为低风险；如果$RV \in [3,4]$，则风险等级为较低风险；如果$RV \in [5,9]$，则风险等级为中风险；如果$RV \in [10,16]$，则风险等级为较高风险；如果$RV \in [20,25]$，则风险等级为高风险。对于高风险等级资产，需尽快分析其风险成因，提出降低风险的措施建议。

排水管段风险红线　　　　　　　　　　表3.2-10

序号	风险红线
1	管径不满足设计标准，风险可能性等级 POR 调整为最大值
2	管段结构完全破坏，认定失效
3	管段因堵塞导致过水断面面积损失超过 50%，认定失效
4	管段设计标准范围内发生冒溢，认定失效

排水管段风险可能性评估模型　　　　　　　　　　表3.2-11

类别	指标	权重	赋分标准	分值
资产属性	使用寿命/设计使用年限		0（即新建）	1
			0% < 使用寿命/设计使用年限 ≤ 35%	2

续表

类别	指标	权重	赋分标准	分值
资产属性	使用寿命/设计使用年限	0.2	35% < 使用寿命/设计使用年限 ≤ 65%	3
			65% < 使用寿命/设计使用年限 ≤ 85%	4
			使用寿命/设计使用年限 > 85%	5
	材质	0.1	钢筋混凝土、球墨铸铁、镀锌钢、玻璃钢夹砂、石棉水泥	1
			混凝土、聚乙烯、高密度聚乙烯、钢管	2
			砖石、陶土、UPVC	4
			其他	5
	结构性缺陷	0.15	Ⅰ级	1
			Ⅱ级	2
			Ⅲ级	4
			Ⅳ级	5
	功能性缺陷	0.15	Ⅰ级	1
			Ⅱ级	2
			Ⅲ级	4
			Ⅳ级	5
	水位	0.1	正常	1
			异常	5
	混接、错接、私接	0.1	否	1
			是	5
环境因素	是否在外界活动频繁区域（如施工、农耕区域等）	0.1	否	1
			是	5
管理因素	制度及保障	0.05	管理和运营制度完善、计划周密，运维物资设备、人员及专业配备齐全，运维费用充足	1
			管理及运营制度稍有欠缺、计划不完整，运维物资设备、人员及专业配备不太齐全，运维费用较少	3
			管理及运维制度混乱或缺失，运维物资设备、人员及专业配备缺口严重缺失，运维费用严重不足	5
	执行情况	0.05	严格按照规章制度和运维标准执行，过程资料齐全	1
			与规章制度和运维标准稍有不同，过程资料部分欠缺	3
			毫无章法，随意执行，无过程资料	5

排水管段风险后果评估模型   表 3.2-12

类别	指标	权重	赋分标准	分值
资产属性	管径	0.2	$D < 600mm$	1
			$600mm \leqslant D \leqslant 1000mm$	2
			$1000mm < D \leqslant 1500mm$	4
			$D > 1500mm$	5
环境影响	道路类别	0.2	乡间小路/废弃道路	1
			支路	2
			次干路	3
			主干路	4
			快速路	5
	靠近关键区域距离 (公共服务/商业区/行政中心 /旅游景点/学校/有水质要求 的河道水体等)	0.3	>800m	1
			$400m <$ 距离 $\leqslant 800m$	2
			$200m <$ 距离 $\leqslant 400m$	3
			$100m <$ 距离 $\leqslant 200m$	4
			$\leqslant 100m$	5
	易涝点数量 (管道两侧≤2km 范围)	0.1	$\leqslant 1$	1
			$1 <$ 易涝点数量 $\leqslant 5$	3
			> 5	5
社会影响	应急处置	0.2	应急组织体系完善,应急救援队伍充足,应急预案科学合理,物资装备齐全,与其他联动部门衔接紧密,经验丰富,响应及时	1
			应急组织体系稍有欠缺,应急救援队伍不太充足,应急预案不够科学合理,物资装备稍有欠缺,与其他联动部门不够紧密,经验一般,响应速度一般	3
			无应急组织体系,无应急救援队伍,无应急预案,无物资装备,响应不及时	5

当出现下列情况之一时,应对相关资产重新进行风险评估:①已采取有效降低风险的措施;②上个风险评估周期到期;③资产进行重大维修或改造;④资产分级运维效果不佳;⑤运营管理单位制度及规定发生重大变化;⑥资产服务范围或沿线环境发生重大变化;⑦资产不再满足当前技术标准要求。

3.2.4.5　城市水系统资产评估分级策略

资产状态和价值核定后,可参考资产风险评估模型建立资产状态、资产价值的等级评分方法，将其转化为资产重要性评估模型中的可量化参数 SI、VI。

结合城市水系统资产的状态、价值和潜在风险评估结果综合确定资产的重要性，识别关键资产。城市水系统资产的重要值可按下式计算：

$$l = \varphi_1 SI + \varphi_2 VI + \varphi_3 RV \tag{3.2-9}$$

式中：l——资产重要值；

$\quad$ SI——状态指数；

$\quad$ VI——价值指数；

$\quad$ RV——风险值；

$\quad$ φ_1——状态系数，推荐取值 0.2；

$\quad$ φ_2——价值系数，推荐取值 0.3；

$\quad$ φ_3——风险系数，推荐取值 0.5。

根据资产重要值将资产划分为非常重要、重要和一般三个重要性等级。鉴于城市水系统资产数量庞大、样本充足，其重要性等级可考虑按照正态（或近似正态）分布的 $\pm[2\sigma, 3\sigma]$、$\pm[\sigma, 2\sigma]$、$[-\sigma, \sigma]$ 区间的分布概率进行近似比例划分，非常重要、重要、一般三级的资产数量可按 1 : 3 : 6 的比例设置，并据此制定资产分级运营维护方案，以实现资源的合理分配。实际应用时，亦可根据项目现状、运营管理标准以及资金预算情况调节重要等级比例分布。

3.2.5 资产全生命周期成本管理

基于动静态信息相结合的资产全息图谱，一方面运用状态评估、价值评估和风险评估模型综合评价资产重要性等级，识别关键资产，开展分级运营；另一方面围绕资产建设/采购、使用、运维、处置等全生命周期开展成本分析管理，优化运营策略。两者共同助力成本管控及效率提升，实现城市水系统运营降本增效目标，如图 3.2-13 所示。

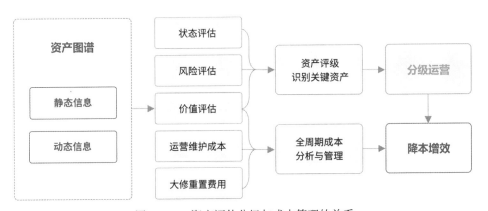

图 3.2-13 资产评估分级与成本管理的关系

3.2.5.1　资产全生命周期成本管理框架

城市水系统资产全生命周期成本包含资产的初始投资费用、日常运行费用、运维管理费用以及处置报废费用等，如表 3.2-13 所示。

资产全生命周期成本框架 　　　　　　　　　　　表 3.2-13

成本项	具体费用构成
初始投资	建筑工程费、设备购置费、安装工程费
运行成本	电费、药剂费等
运维管理成本	巡检、养护、检测、维修作业产生的人工费、材料费、机械费以及委外维修费用
处置成本	处置费、设施设备残值等

图 3.2-14 展示了 2 种全生命周期成本趋势线。有的资产初始建设成本较低，但随着时间推移运营维护成本较高（蓝线），有的资产则正好相反（绿线）。图 3.2-15 是全生命周期成本的另一种表现形式，尽管运营维护费用总体上随着时间推移不断增加，但每次大修后运营维护费用会降低且增长趋势放缓。

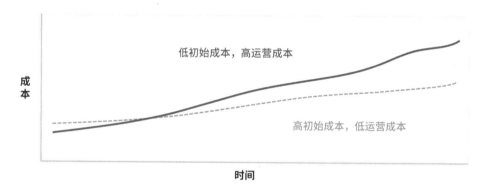

图 3.2-14　全生命周期累积成本的比较

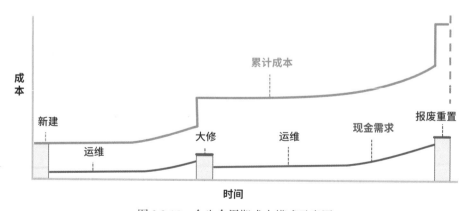

图 3.2-15　全生命周期成本模式示意图

城市水系统资产生命周期中的运营维护成本往往高于初始建设成本，然而在项目建立初期 65%～85%的生命周期成本就已被锁定，所以如果不能尽快建立并有效运用全生命周期成本分析方法，仅根据当前状况制定资产维修或重置的策略，很难做出从全生命周期角度的最优决策。开展资产全生命周期成本管理，有利于管理者追溯资产价值变动记录，动态管理支出、把控成本，寻找维修更换最优策略，最大限度降低基于经验、个人意见或缺陷数据做出错误决策的风险，找到花费最小代价换取最优服务的路径。

资产全生命周期年平均成本曲线（Lifecycle Average Cost Cureve, LACC）是帮助管理者理解资产运行过程成本结构的重要分析工具。资产全生命周期年平均成本的计算方法如下：

$$\overline{C}_N = \frac{P - L_N}{N} + \frac{1}{N}\sum_{t=1}^{N} C_{ot} + \frac{1}{N}\sum_{t=1}^{N} C_{pt} \tag{3.2-10}$$

式中：$\overline{C}_N$——资产生命周期中前 N 年的平均使用成本；

　　P——资产初始投资，包含建筑工程费、设备购置费、安装工程费等；

　　L_N——资产第 N 年末的残值；

　　C_{ot}——资产第 t 年的运维管理成本，包括巡检、养护、检测、维修作业产生的人工费、材料费、机械费以及委外维修费用；

　　C_{pt}——资产第 t 年的运行成本，包括电费、药剂费等。

3.2.5.2　基于成本分析的运维策略选择

发生资产失效（如设备故障）时，需要权衡维修和重置两种方案。与重置相比，维修的费用通常较低，能够保留现有设施设备，并且无须重新调试和培训，所以耗时较短，能够快速恢复生产。然而，维修方案的可靠性较低，维修后的设备可能再次出现相同故障，且随着资产老化，维修的频率和费用亦将逐步升高，此外如果发生故障的设施设备已服役多年，所采用的技术可能已经过时，即使修复了当前故障可能也难以满足未来的生产服务需求。

资产运维策略的选择通常需要综合考虑技术需求、成本效益乃至运营管理单位的中长期业务规划等多个方面，本节从全生命周期成本分析的角度阐述资产运维策略寻优的思路。

资产全生命周期年平均成本曲线通常呈现 U 形特征，资产全生命周期年平均成本曲线的最低点即为资产的经济使用寿命，如图 3.2-16 所示。若仅从经济角度考虑资产更新时机，则应该在其经济使用寿命当年进行更新重置。假设不考虑资金的时间价值，资产维修后其物理寿命不变，资产更新后其技术规格不变，亦不考虑维修或更新过程中造成的停产等损失，比较维修和更新两种方案对应的年平均成本（图 3.2-17）。如果自决策年到设备物理寿命终结，维修策略对应的年平均成本最低值低于更新策略的年平均成本最低值，则应采取维修策略，反之应采取更新策略。

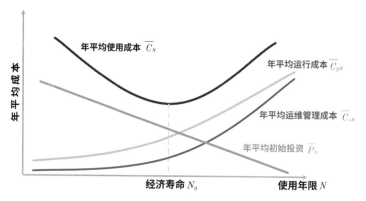

图 3.2-16   资产全生命周期年平均成本曲线

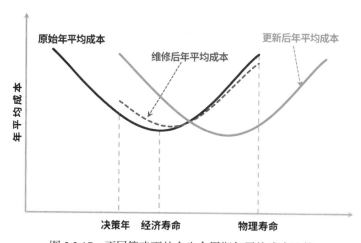

图 3.2-17   不同策略下的全生命周期年平均成本比较

考虑到绘制完整的 LAC 曲线需要积累资产全生命周期的成本数据，在实际运营中管理者难以直接利用曲线开展分析。但这并不意味着管理者只能束手无策，可以通过比较维修和更新方案对应的投资回收期进行决策。

投资回收期可按下式计算：

$$N = \frac{(A_2 - A_1)}{(C_{o1} - C_{o2}) + (C_{p1} - C_{p2})} \tag{3.2-11}$$

式中：N——投资回收期；

$\quad A_2$——资产更新购置费用；

$\quad A_1$——现有资产维修费用；

$\quad C_{o1}$——现有资产的年度运维管理费用，按决策当年的运维管理费计算；

$\quad C_{o2}$——更新资产的年度运维管理费用，按现有资产投运第一年的运维管理费计算；

$\quad C_{p1}$——现有资产的年度运行费用，按决策当年的运行费用计算；

C_{p2}——更新资产的年度运行费用，按更新资产的技术规格和现有资产投运第一年的年度运行时间计算。

将计算得到的投资回收期 N 与管理者预期的投资回收期 N_0 相比较，如果 N 小于 N_0，则采用维修策略，反之采用更新策略。

不难看出，资产全生命周期年平均成本曲线（及其变种）是一种极为简单直观的图形化分析工具，能够综合考虑资产初始投资、使用、维护和处置更换等多种因素，可从长期视角进行多情景决策，辅助管理者更明智地比选运维策略。在实际应用中，管理者可以根据具体情况调整和优化该工具，以更好地满足其决策需求。

综上所述，管理者可根据资产分级确定各类资产运营维护的优先级，结合运营技术标准和当地绩效考核要求制定城市水系统运营方案，开展运营工作，跟踪运营效果和成本支出，从"降本"和"增效"两个方面持续推动水系统运营管理不断优化。

3.3　运营技术标准体系

3.3.1　体系概述

我国的城市水系统综合治理发展处于起步阶段，各运营主体在运营工作中缺少可提供指导的标准和参考的最佳实践，集团级的运营企业往往出现各项目间"号令不通"、难以统筹管理的情况。同时，由于缺少行业级的指导，现有运营经验普遍富集在个人身上而非运营组织，人员的流动对于运营水平会造成较大影响，运营经验容易流失。此外，现有的城市水系统运营实践中观念普遍较传统，没有或很少采用信息化、智慧化管理手段，组织结构和管理模式与智慧平台融合困难等，如图 3.3-1 所示。为了解决上述问题，建设城市水系统运营技术标准体系是十分必要的。

图 3.3-1　城市水系统运营现状

自古以来，标准化就是提高生产率、促进知识传播的重要手段。从公元前 221 年的秦始皇"车同轨，书同文，行同伦，统一货币，统一度量衡，统一法律"促进了统一管理、知识传播、商业交流、生产分工、产品质量的全面发展，到公元 1041—1048 年活字印刷术最大限度地体现了规范、简化、组合和重复使用的原理，成为标准化技术推广应用的最佳范例，标准化成为社会发展过程中重要的工具，见图 3.3-2。

度　量　衡

图 3.3-2　我国古代标准化的典范（图片来源于网络）

2021 年 10 月中共中央、国务院印发了《国家标准化发展纲要》，并在开篇提纲挈领地表示"标准是经济活动和社会发展的技术支撑，是国家基础性制度的重要方面。标准化在推进国家治理体系和治理能力现代化中发挥着基础性、引领性作用。新时代推动高质量发展、全面建设社会主义现代化国家，迫切需要进一步加强标准化工作"，可见标准化对于国家、行业发展的重要地位。在全面建设数字中国的背景下，标准化也被赋予了另一层含义，业务标准化是业务数字化的起点，也是目的之一。

本书所述的"运营技术标准"主要是针对城市水系统中各类设施、设备等资产运营维护的管理和作业标准，目的是指导城市水系统资产运营维护实践。由于标准对于最佳实践的富集和对智慧的共享具有显著作用，可以实现优质运营经验快速复制，整体提升行业的运营管理水平。

事实上，在国家、行业、地方现行标准中已有类似的内容，如《泵站技术管理规程》GB/T 30948—2021[44]、《城镇排水管渠与泵站运行、维护及安全技术规程》CJJ 68—2016[45]、《园林绿化养护标准》CJJ/T 287—2018[46]等。但现行的标准在运营一线使用中存在一些问题，主要包括：

（1）内容不够全面。一方面，城市水系统包含大量资产类型，现行标准仅涵盖其中部分常见类型，对于人工湿地、调蓄池、海绵设施等类型则缺少相应的指导。另一方面，运营维护常包括巡检、养护、维修、检测等类型的作业，现行标准仅涵盖其中部分作业类型，精细程度也存在不足。

（2）边界不够清晰。部分现行标准中的运营维护要求没有根据作业内容的不同加以明确和区分，而是归集到同一个章节。此外，部分现行标准中对于如河道、公园等设施内运维对象的定义较为模糊，对其中的细分设施缺少细化的运营维护要求。

（3）实用性稍有不足。国家、行业、地方级别的标准规范对于内容的要求极为严谨，也就导致一些缺少成熟运营维护场景和经验的资产类型和作业类型没有被纳入标准条文。并且大部分的标准规范更关注"做什么"而非"怎么做"，因此实操指导性不足。

（4）难以与信息化系统融合。信息化系统依赖的计算机语言是高度精确、高度结构化的，而现行标准间结构差别较大，甚至同一标准内不同资产类型间结构也有不同，加之标准内结构也不甚清晰，因此难以与信息化系统实现深度融合。

这些问题导致运营一线人员——特别是在受教育水平普遍不高的情况下难以得到标准规范有效的指导，进而导致运营效率不高、运营质量低下。特别是在各行各业全面发展数字化业务的背景下，现行运营标准结构化程度不足的缺陷对于通过数字化工具将标准便宜共享给广大运营一线是十分不利的。

为了使城市水系统优质运营经验可以得到快速、低成本的推广和复制，为运营保质、降本、增效提供有力的工具，本书设计了运营技术标准体系的架构和内容。运营技术标准体系主要包括运营技术标准、运维操作标准、作业场景数据记录表单三个层级，细分为运营技术规程、运营定额、运维操作手册、问题标准、解决措施标准、作业场景数据记录表单六个类型的标准，指导城市水系统运营维护管理、作业和数据填报等业务过程。

3.3.2　建设思路

为了能够提高城市水系统运营维护的质量和效率，需要针对运营过程中各角色和各业务过程建设成体系的运营技术标准。

在体系建设之初，研究团队对于体系的认识尚较为模糊，仅知道最终的体系成果大致需要达成的效果，因此整体的建设思路是由外而内、逐级细化的。具体来讲可以分为几个渐进的步骤：①明确外部条件；②划定原则基线；③搭建体系框架；④填充体系内容。

3.3.2.1　明确外部条件

通过对现有标准存在问题和运营实践对标准需求进行分析，首先建立运营技术标准体系外在约束条件的"黑盒模型"，见图 3.3-3。该模型包含体系建设的目标、边界、功能、特征、输入和输出等约束条件，通过明确外部约束条件，框定了体系成果需要满足的条件，为后续体系建设提供了基础和依据。

1. 目标

建设运营技术标准体系的目标是解决城市水系统运营经验流动难、统一管理难、运维数据统计难等业务痛点，这一目标的建立与标准本身的含义密切相关。"标准化"一词在《标准化工作指南　第 1 部分：标准化和相关活动的通用术语》GB/T 20000.1—2014 中被解释为："为了在既定范围内获得最佳秩序，促进共同效益，对现实问题或潜在问题确立共同使用和重复使用的条款以及编制、发布和应用文件的活动"[47]，可见标准的本意即是为了解决重复出现问题而提供的通用解决方案以实现现有条件下的最优解，通过将行业现有的最佳实践集成到运营技术标准体系是解决上述问题的重要手段。

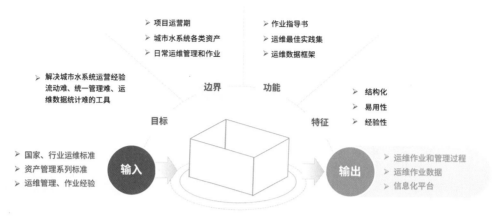

图 3.3-3　运营技术标准体系外在约束条件的 "黑盒模型"

2. 边界

为了防止体系内容的无序蔓延，运营技术标准体系的边界需要明确，即针对的是项目运营期对城市水系统中各类设施、设备资产开展的日常运维管理和作业。其重点在于 "运营期""资产" 和 "日常运维"，因此体系应与资产管理体系相衔接，同时考虑到标准的可复用性，其关注的业务过程也仅包含常见的运维管理和作业，对于技改、大修等发生在运营期但事实上等同于工程措施的业务活动不纳入体系内容。

3. 功能

从运营技术标准体系的目标推衍，其具备的功能应包括：完整地指导城市水系统运维作业、集成管理范围内各业务场景的运维最佳实践、为运维业务数据标准提供框架等。

作业指导书功能即标准体系应可供运营一线作业人员参照执行，对其深度和颗粒度提出了要求；运维最佳实践集功能即标准体系应能随着运营业务逐渐成熟而动态反映运营的最佳实践，这也就意味着其应具有较强的实时性；运维数据框架功能即标准体系应能根据业务属性对运维业务数据提供一套框架，以便于数字化背景下业务数据的分析和应用。

4. 特征

根据体系的目标和功能，其应具备结构化、易用性和经验性等特征。结构化前文已提及，此处不再赘述；易用性即需要便于运营一线管理人员和作业人员使用，需要考虑运营业务各环节对于标准的使用方式，如便于精确检索到所需标准内容、标准内容便于理解和操作等；经验性即表示标准内容应能够动态反映运营最佳实践，进而要求标准体系能够划分为尽量小的单元，以便于标准内容的更新维护。

5. 输入

运营技术标准体系中标准内容应有多个来源：①需要能够容纳且不得违反相关国家、地方和行业标准；②需要能够密切衔接资产管理体系，以建立完整的基于资产的城市水系统运营体系；③需要能够容纳运营一线逐步完善的运维管理和作业经验，即运营最佳实践。

6. 输出

运营技术标准体系建立完成后，其内容应有多个输出方向：①需要输出至运维管理和作业的业务过程；②需要输出至运维作业数据统计分析过程和工具，包括纸质报表、电子报表、信息化系统等数据统计分析工具；③需要输出至信息化系统建设的业务过程定义和业务建模等阶段，并最终集成至信息化系统。

3.3.2.2　划定原则基线

通过建立运营技术标准体系外在约束条件的"黑盒模型"，明确后续体系框架和内容建设过程应遵循的原则基线，即指导体系建设过程和成果的纲领，这些原则基线包括：

（1）体系应能覆盖国家、行业相关标准，衔接资产管理相关标准，并集成城市水系统运维管理的最佳实践；

（2）体系应能全面、具体地指导城市水系统日常运维作业、管理及数据记录；

（3）体系内容结构层次分明、应用场景明确、模块化程度高，便于与信息化系统融合；

（4）从实际出发，对于体系中经验性的内容不宜一步到位，需要渐进明细，在实践中迭代优化。

3.3.2.3　搭建体系框架

基于外部条件和原则基线，开展运营技术标准体系框架搭建工作。框架的设计需要对运维业务整体流程和关键要素有明确的认知，进而需要对城市水系统各业态的业务流程和要素进行归纳提炼。

经过资料调研和运营实践，运营维护整体业务流程见图 3.3-4。

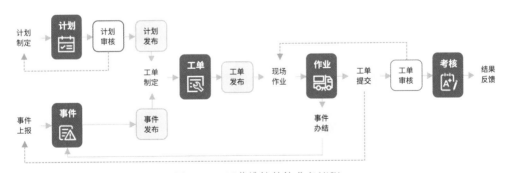

图 3.3-4　运营维护整体业务流程

流程中主要包含的三个关键载体分别为工单、计划和事件，其各自的业务含义如下：

（1）工单是执行运维作业任务的凭证。工单规定了由谁、在什么时间、对哪些资产、进行何种作业。工单由管理人员编制并派发给作业班组，作业班组按照工单的要求进行运维作业，在工单完成后提交管理人员审核。

（2）计划是按规定周期派发给定工单的凭据，可以理解为工单模板和周期的组合。计划除规定了工单应规定的内容外，还规定了这类工单以何种周期派发。计划通常由主管级别的管理人员编制，由经理级别的管理人员审核通过后启用。

（3）事件是需要运维作业人员处理的临时问题或指令的统称。事件记录了报告事件的来源、受影响的资产或点位、需要处理的问题或需要执行的指令。事件主要由作业人员上报，也可以被外部信息触发。事件的处理主要通过派发工单的形式执行，并在工单完成后办结事件。

为了识别业务关键要素，必须要在整体业务流程基础上对现有的业务进行梳理，拆解到最基本的、无法进一步拆解的业务单元。根据 5W1H（Who，What，When，Where，Why，How）的常规分析方法，识别出了运维基本业务单元中的关键要素，包括：主体、对象、资源、动作。其中，主体是开展运营维护工作的角色，如主管、班组长、作业工人等；对象是运营维护的对象，主要是资产；资源包括人工、材料、机械设备和仪器仪表等；动作是主体与主体、主体与对象、主体与资源间的交互动作。这些要素构成的基本业务单元称之为场景，以排水管网内部检查场景为例，场景中的关键业务要素如图 3.3-5 所示。

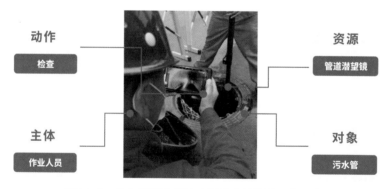

图 3.3-5 排水管网内部检查场景中的关键业务要素

通过对运营维护整体业务流程的整理，挖掘各关键节点不同角色、不同场景下对标准不同层级的需求。举例来说，在制定计划时，管理人员需要通过标准确定在面对运维目标对象、执行目标作业时应以什么频次执行；在执行工单时，作业人员需要通过标准确定如何执行指定作业、记录哪些数据。这些需求进一步衍生出了标准体系中不同的标准类型，例如为管理人员开展运维管理提供指导的运营技术规程、为作业人员执行作业提供指导的运维操作手册、为所有角色统计分析数据提供指导的作业记录表单等，这些不同的标准类型可以根据其约束性和颗粒度大致划分为多个标准层级，这就是识别出的体系框架的第一个维度。

进一步考虑体系框架时，回顾现行标准中对于运营维护的条文结构，虽然不同标准间，甚至同一标准内条文结构都有所差异，但仍能从中提取共性的要素，即"对象"和"场景"。

运营维护的对象在绝大多数情况下都是城市水系统中的各类设施、设备和生态系统，也就是资产。因此，识别出了体系框架的第二个维度——资产类型，这一维度衔接资产管理体系，此处不再赘述。

对于运营维护的场景，结合资料和运营实践划分为巡检、养护、检测、维修、其他五大类，在针对不同资产时同一类场景下还可以进一步细分为更加具体的场景，如巡检可以包括排水管网内部检查、河道巡视、设备点检等；养护可以包括绿化养护、保洁、管渠疏通、设备保养等。将这些具体的场景定义为作业场景，作业场景是具有一定特征的运维作业类型的集合，规定了对哪类资产、按什么要求、进行何种作业、记录哪些数据，这就是体系框架的第三个维度。

回顾建立的外部条件和原则基线，标准层级、资产类型和作业场景三个维度已经可以覆盖运营维护作业对于标准使用的全部需求，也就此确定了运营技术标准体系"标准层级 × 资产类型 × 作业场景"的立体框架。在这个框架下，意味着需要按照标准层级、资产类型、作业场景这三个维度对运营技术标准进行划分，形成一个个基本作业单元，并将标准内容填充至这些标准单元中，形成易于查询和使用的运营技术标准体系。运营技术标准体系的框架见图 3.3-6。

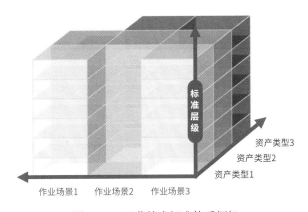

图 3.3-6　运营技术标准体系框架

3.3.2.4　填充体系内容

在确定了运营技术标准体系的框架后，就可以在此框架内填充内容，在流程关键节点、面向关键角色提出简明、有针对性的标准内容，形成完整的运营技术标准体系。内容的来源包括现行的国家标准、行业标准、地方标准、团体标准、企业标准、项目运营实践和其他公开资料等。特别需要强调项目运营实践需要运营专家和运营一线人员深度参与，由于运营经验是在不断累积和精进的，其对应的标准内容也是动态更新的，这要求标准的管理者建立一套最佳实践筛选和更新的机制，而这样的机制正是标准的生命力所在。

建设体系内容的路径是"具象化—抽象化—具象化"的过程，也可以说是"实践—解析—重构"的过程，见图 3.3-7。在第一个具象化阶段，通过广泛收集资料，并深入城市水系统运营一线全面总结实践经验，构建城市水系统运营维护的业务全景。在第二个抽象化阶段，通过对业务全景进行解构，明确业务要素及类型、梳理业务流程、划分业务层级及边界，形成结构化的业务框架。接着对结构化的业务框架进行定义，也即标准化处理。在第三个具象化阶段，根据标准化的成果重新审视现有的业务全景，形成具备合理性和普适性的标准业务场景，并在后续体系内容建设和完善过程中根据运营实践修正和拓展业务场景，最终形成标准化、结构化、模块化的城市水系统运营技术标准体系。

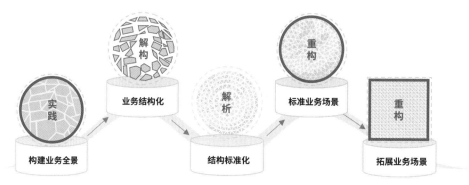

图 3.3-7   标准内容建设的"实践—解析—重构"过程

3.3.3   体系架构

如前文所述，运营技术标准体系形成了"标准层级 × 资产类型 × 作业场景"的架构，其中每个维度还可以进一步细化。

3.3.3.1   标准层级

根据标准约束性和颗粒度的不同，标准层级划分为运营技术标准、运维技术规程和作业场景数据记录三个层级。又根据每个层级中标准内容的差异，进一步将运营技术标准层级划分为运营技术规程、运营定额，将运维技术规程划分为运维操作手册、资产问题和解决措施标准，作业场景数据记录表单无须更进一步细分，形成的标准层级和标准类型如图 3.3-8 所示。

图 3.3-8   运营技术标准体系标准层级和标准类型

1. 运营技术规程

运营技术规程是运营维护工作的基本技术要求和概要性指导，内容分为运维技术及安全要求、运维任务分配标准两部分。

（1）运维技术及安全要求。进一步分为作业场景说明、作业流程、技术要求、一般安全规定、特种作业规定等内容。

（2）运维任务分配标准。进一步分为作业频次、作业班组构成、作业效率预估、配备物资等内容。

2. 运营定额

运营定额是针对运维各作业场景和目标资产类型的单位人、材、机消耗量取值范围。

3. 运维操作手册

运维操作手册是运维作业流程详细指导，包括作业流程和针对作业流程各节点的操作说明两部分。

4. 资产问题和解决措施标准

资产问题和解决措施标准是对各类资产常见问题检查上报和相应的简明解决措施的指导，包括对应各资产的问题类型、问题名称、解决措施建议等。

5. 作业场景数据记录表单

作业场景数据记录表单是对各作业场景和资产类型运维作业过程与结果数据记录要求。这些表单由作业记录项组成，作业记录项是作业人员对各类资产进行作业时需要记录的一项数据，这些作业记录项有序组合成为作业场景数据记录表单。

3.3.3.2　资产类型

资产类型对应资产管理体系中的全部资产类型，此处不再赘述。

3.3.3.3　作业场景

根据运营实践，将作业场景分为巡检、养护、维修、检测、其他五类，各作业场景类型的业务含义如下。

巡检：对资产状态进行的巡视和检查；

养护：在资产未产生结构性损伤的情况下，为维持资产正常运行而进行的作业；

维修：为修复资产结构性损伤，使资产恢复正常运行而进行的作业；

检测：对各类资产规定指标进行的检测，国家、行业通常对进行检测的作业人员资质和作业过程有明确要求，作业结果通常需要出具正式报告并提交至监管部门；

其他：已定义的作业场景未覆盖的类型。

各类作业场景下又可以根据目标资产类型和作业要求的不同划分为更具体的作业场景，作业场景本身也是标准内容的一部分，需要根据实际运营业务开展情况确定。

3.3.4　体系内容及示例

3.3.4.1　作业场景

根据第 3.3.3 节的内容，针对巡检、养护、维修、检测四类作业场景类型、名称、说明和适用资产类型进行简单示例说明，详见表 3.3-1。

作业场景示例　　　　　　　　　　表 3.3-1

作业场景类型	作业场景名称	作业场景说明	适用的资产类型
巡检	排水管网设施检查	对排水管网设施内部状态的详细检查	污水管、雨水管、合流管、截污管、检查井、截流井、雨水口、排水口等
养护	清淤清障	对河道淤积底泥和阻水障碍物进行的清理和外运	河道、湖泊等
维修	设备维修	对各类设备问题进行的维修	全部设备类型
检测	排水管网结构性检测	对排水管网结构完整性和安全性进行的检测	污水管、雨水管、合流管、截污管等

3.3.4.2　运营技术规程

针对作业场景为排水管网设施检查、资产类型为污水管的运营技术规程示例如下。

1. 作业流程

排水管网设施检查、资产类型为污水管的作业流程见图 3.3-9。

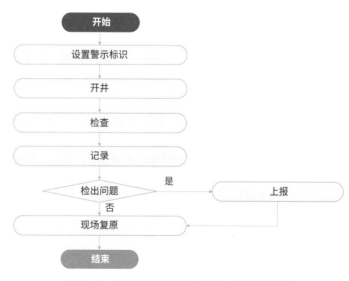

图 3.3-9　排水管网设施检查-污水管作业流程

2. 技术要求

重力流污水管正常运行的充满度不应超过表 3.3-2 中最大设计充满度。

最大设计充满度　　　　　　　　　　　　　表 3.3-2

管径或渠高（mm）	最大设计充满度	管径或渠高（mm）	最大设计充满度
200～300	0.55	500～900	0.70
350～450	0.65	≥1000	0.75

污水管积泥深度不应超过管道内径或渠净高度的 20%。

3. 一般安全规定

排水管网设施检查、资产类型为污水管的一般安全规定见表 3.3-3。

排水管网设施检查、资产类型为污水管的一般安全规定　　　表 3.3-3

项目	安全规定
作业前	作业前，作业人员应对作业设备、工具进行安全检查，当发现有安全问题时应立即更换，严禁使用不合格的设备、工具 ……
作业时	作业现场严禁吸烟，未经许可严禁动用明火 ……

4. 作业频次

检查每年不应少于 2 次。具体的检查周期应根据管道所在地区的重要性和设施本身重要性及运行情况确定。

5. 作业班组构成

作业班组人数宜为 2～3 人。

6. 作业效率预估

作业班组每日检查管网长度约为 60 管段/d。

7. 物资配备

宜为作业班组配备作业车辆、检查工具（如 QV）、开井工具（如井钩）、测量工具（如花杆、量泥斗）、警示标志（如护栏、警示牌）、便携式气体检测仪器、个人防护用具等物资。

3.3.4.3　运营定额

排水管网设施检查、资产类型为污水管的非下井作业运营定额见表 3.3-4。运营单位可根据各类目的单价测算和控制运营成本。

排水管网设施检查、资产类型为污水管的非下井作业运营定额　　表 3.3-4

项目	定额
班组构成	2～3 人
额定作业量	60 个管段/d
额定材料消耗	无
常备工器具及设备	机动车 1 台、QV（管道潜望镜）1 套、井钩 1 个、花杆或量泥斗 1 个、警示标牌 1 套、护栏或路障 6～8 个、便携式气体检测仪 1 套

3.3.4.4　运维操作手册

排水管网设施检查、资产类型为污水管的操作手册示例如下。

1. 作业流程图

作业流程图见图 3.3-9。

2. 操作要求

（1）设置围挡及警示标识

在作业区域迎车方向前放置防护栏。防护栏距维护作业区域应大于 5m，且两侧应设置路锥，路锥之间用连接链或警示带连接，间距不应大于 5m。对于快速路，还应在作业区域迎车方向不小于 100m 处设置安全警示标志。夜间作业应在作业区域周边明显处设置警示灯。

（2）开井

使用井钩等专用工具开启井盖，井盖在迎车方向顺行放置稳固，井盖上严禁站人。开启压力井盖时，应采取防爆措施。

（3）检查

检查宜采用管道潜望镜，镜头中心应保持在管道竖向中心线的水面以上。主要检查项水流、水位、淤积、连管等。

重力流污水管正常运行的充满度不应超过表 3.3-2 中最大设计充满度，污水管积泥深度不应超过管内径或渠净高的 20%。

（4）记录

根据相应的作业记录表单对作业过程和结果进行记录。同时，应识别资产问题并记录，资产问题详见表 3.3-5。

（5）上报

作业人员可自行处理的问题应在处理完成后上报，无法自行处理的问题发现后立即上报。

（6）现场复原

作业完成后，应将防坠网、井盖等恢复原位，关闭井盖应使用专用工具，周边地面应清理干净。

排水管网设施检查、资产类型为污水管的问题和解决措施标准示例 表 3.3-5

问题类型	问题名称	解决措施
水流	流向异常	①检查下游是否存在异常排水、堵塞等异常情况； ②如由于瞬时排水量过大导致壅水返流的，应拍照取证、溯源分析并制止，无法制止应上报主管部门； ③如由于堵塞导致，应采取疏通、清淤等措施； ④高程测绘，如因为管道埋深导致，需进行工程改造，重新铺设排水管道
连管	混接	①进行管道探测并将结果上报主管部门； ②采用工程措施修复混接的管网
	……	……
水位	充满度超限	①采取疏通、清淤措施，确保管道畅通； ②高程测绘，如因为管道埋深导致，需进行工程改造，重新铺设管道
淤积	积泥深度超 20%	采取疏通、清淤措施

3.3.4.5 资产问题和解决措施标准

排水管网设施检查、资产类型为污水管的问题和解决措施标准示例详见表 3.3-5。

3.3.4.6 作业场景数据记录表单

排水管网设施检查、资产类型为污水管的数据记录表单示例详见表 3.3-6。

排水管网设施检查、资产类型为污水管的数据记录表单 表 3.3-6

信息类型	字段名称	数据类型	数据格式	是否必填	填写说明
基本信息	记录编码	字符型	C(20)	是	—
	所属工单编码	字符型	C(20)	是	—
	作业班组	字符型	C(30)	是	作业班组名称
	作业人员	字符型	C(40)	是	作业人员姓名
对象信息	资产标识码	字符型	C(19)	是	—
	资产名称	字符型	C(20)	是	—
作业信息	作业情况	字符型	C(6)	是	1—已作业；2—未作业
	作业说明	字符型	C(200)	是	对作业情况的说明
	上游节点标识码	字符型	C(14)	是	—

信息类型	字段名称	数据类型	数据格式	是否必填	填写说明
作业信息	下游节点标识码	字符型	C(14)	是	—
	上游水位（mm）	数值型	D(3,0)	否	上游管口处水位
	下游水位（mm）	数值型	D(3,0)	否	下游管口处水位
	最大充满度（%）	数值型	D(3,1)	否	max（上游水位,下游水位）/（管径×100）
	上游积泥深度（mm）	数值型	D(3,0)	否	上游管口处积泥深度
	下游积泥深度（mm）	数值型	D(3,0)	否	下游管口处积泥深度
	最大百分比积泥深度（%）	数值型	D(3,1)	否	max（上游积泥深度,下游积泥深度）/（管径×100）
	开始时间	日期时间型	YYYYMMDD HH:mm	否	开始作业时间
	结束时间	日期时间型	YYYYMMDD HH:mm	否	开始作业时间
	过程影像	电子文件	—	否	—
问题信息	问题类型	字符型	C(20)	否	选项参见资产问题标准
	问题名称	字符型	C(20)	否	选项参见资产问题标准
	问题描述	字符型	C(200)	否	详细描述问题情况及严重性
	紧急程度	字符型	C(4)	否	1—一般；2—较急；3—紧急；4—特急
	处理方式	字符型	C(4)	否	1—上报；2—自行处理
	问题影像	电子文件	—	否	上报时的问题影像记录
	自行处理后影像	电子文件	—	否	自行处理后的影像记录
物资信息	工器具名称	字符型	C(20)	否	—
	工器具数量	数值型	D(3,0)	否	—
	设备名称	字符型	C(20)	否	—
	设备数量	数值型	D(3,0)	否	—
	材料名称	字符型	C(20)	否	—
	材料数量	数值型	D(4,2)	否	—

3.4 监测分析技术体系

3.4.1 体系概述

3.4.1.1 我国生态环境监测体系发展历程

我国生态环境监测发展先后经历了镜像反映环境变化阶段（20世纪70年代至2012年）、支撑考核评估阶段（2012—2020年）和智慧监测阶段（2020年至今）[48]，在这个过程中，监测技术体系发展也基本上遵循了相同的脉络。1974年，国务院环境保护领导小组的成立，标志着我国生态环境保护的起步，我国的环境监测事业也随之孕育发展。这一阶段的主要任务是回答"测什么"和"怎么测"，通过学习国外先进经验，建立了针对各类污染源和各类环境要素的质量标准，并建立了相应的分析方法标准，我国监测技术体系建设进入萌芽期。党的十八大以来，中央对生态文明建设的重视力度前所未有，我国生态环境监测也进入新的发展阶段。2015年，国务院办公厅印发《生态环境监测网络建设方案》（国办发〔2015〕56号）；2016年，中共中央办公厅、国务院办公厅印发《关于省以下环保机构监测监察执法垂直管理制度改革试点工作的指导意见》，又于2017年出台《关于深化环境监测改革提高环境监测数据质量的意见》。相关文件推动生态环境监测更好与我国实际相结合，形成了一系列新理念，出台了一系列新举措，监测技术体系不断发展和完善，进入探索沉淀期。2023年，习近平总书记在全国生态环境保护大会上指出要"加快建立现代化生态环境监测体系"，明确了做好新时期生态环境监测工作的总纲领、总方针、总遵循。2024年，国务院印发《中共中央 国务院关于全面推进美丽中国建设的意见》，将加快建立现代化生态环境监测体系作为一项重要任务，要求健全天空地海一体化监测网络，加强生态、温室气体、地下水、新污染物等监测能力建设，实现减污降碳、扩绿协同监测全覆盖。《关于加快建立现代化生态环境监测体系的实施意见》（环监测〔2024〕17号）进一步明确了生态环境监测体系"两步走"的建设目标：未来五年，现代化监测体系建设取得重要进展；到2035年，现代化生态环境监测体系基本建成。随着上述一系列文件的出台，我国生态环境监测体系建设进入迅猛发展期，见图3.4-1。

建立现代化生态环境监测体系是一个循序渐进、久久为功的过程，一方面，污染治理、生态保护、应对气候变化对生态环境监测提出了更高要求，生态环境监测不能只是简单地出具监测数据，而是要实现高效感知、智能分析、智慧应用；另一方面，物联感知、卫星遥感、人工智能、大数据等新一代信息技术层出不穷，生态环境监测要充分应用新方法、新技术，满足政府、企业、公众等对生态环境监测的需要，实现生态环境管理和监测业务的深度融合，更加精准、智能地支撑生态环境管理和决策。

图 3.4-1   我国生态环境监测体系发展阶段

城市水系统监测作为我国生态环境监测的重要组成部分，其业务开展一方面需要以生态环境监测体系作为总体指导，另一方面需要结合城市水系统的个性特征进行调整和深化，构建面向城市水系统的监测技术体系，特别是聚焦到城市水系统运营业务领域时，需要基于城市水系统运营业务的特点、问题和需求，构建城市水系统运营监测分析技术体系（简称"监测分析技术体系"），作为城市水系统运营的重要支撑。

3.4.1.2   当前城市水系统监测分析痛点

随着城市与水互动关系的加深，"城市水系统"或"城市水循环"等以全系统、全要素视角看待城市水问题的概念先后出现。从内部特征来看，城市水系统不同于传统的供排水概念范畴，涵盖了城市与水互动关系的所有要素；从目标导向来看，城市水系统治理的目标已从过去对水质、水量为主要目标的双要素约束向全要素、全流程提升水系统安全性、韧性与可持续性方向转变，城市水系统管控模式也亟须实现传统被动承受向主动调整与应对转变。

监测数据是评估城市水系统运营成效、实施运营决策的基本依据，目前在线监测作为常用的技术手段已广泛应用于城市水系统智慧运营实践中，大部分项目会同步进行智慧水务工程建设以实现监测数据的汇聚和应用，然后由于缺乏对运营业务的深入理解和监测分析技术相关研究，在业务分析、数据质控和数据分析等环节均存在不少问题，严重制约了监测数据价值的发挥。

业务分析方面，缺少面向不同业务场景和不同业务目标的监测各要素的统一规划和设计，普遍存在业务需求和监测数据之间的衔接不足的问题，导致不同场景对数据的定义不同，制约后续数据采集、清洗和分析等各环节；数据质控方面，普遍存在数据质控规则不清、控制手段缺乏等问题，获取到的监测数据不全、不准问题突出；数据分析方面，对于数据的统计分析尚停留在单要素统计与简单对比阶段，缺乏基于城市水系统要素关系的综合性分析，影响了数据价值发挥。如何深度理解业务场景和目标，对监测要素进行统一定义，提高数据质量并通过分析高质量数据以支撑运营成效评估和运营效率提升，是目前城市水系统运营监测业务中亟待解决的问题。

目前环境监测领域已逐步建立起了比较完善的地表水、空气、噪声、海域、生态、生物等的环境监测技术体系，包括监测技术路线、监测方法与评价的标准规范、监测质量控制和保证规范等。但在运用于面向城市水系统运营监测业务时，普遍存在针对性和可操作性不强的问题。因此，亟须面向城市水系统智慧运营典型业务场景，梳理不同场景不同业务目标下的监测目标和监测要素，制定覆盖"数据采集—数据质控—数据分析与评价"全过程的监测分析技术体系，规范城市水系统运营监测和分析评价工作，以满足支撑运营成效评估和运营效率提升的迫切需求。

3.4.2　建设思路

城市水系统运营监测是指利用物联网、地理信息系统等信息技术，实现城市水系统中的水质、流量、液位、设备运行状态等关键数据进行实时采集、传输、处理和分析，以实现对水系统运行状态的全面监控，以评估运营成效，提升运营效率。数据获取方面，城市水系统运营监测以通过物联网技术获取实时监测数据为主，辅以人工检测和第三方检测机构测试数据；数据组织方面，因城市水系统各对象相互关联，具有空间拓扑关系，地理信息系统技术是重要技术支撑之一；数据利用方面，主要依托信息化系统进行数据的展示和分析，是全面掌握城市水系统运营状态的重要工具。

监测分析技术体系是支撑城市水系统运营监测的整体技术集合，其超出了单一学科和工程的范围，需要将独立技术联系起来构建成相互关联、各有侧重的新技术体系，并在此基础上考虑城市水系统智慧运营和信息化系统建设所需重点标准、规范和技术集合，主要面向城市水系统综合运营，是城市水系统智慧运营的核心业务体系。

监测分析体系是覆盖运营业务、数据分析、信息技术、软件平台和硬件设备的体系综合体，这决定了监测分析技术体系涉及的内容非常广泛，上层有宏观业务目标例如内涝防控，中层有监测分析内容例如积水点消除比例统计，底层有支撑数据采集的通信协议，如何将看似分散的技术点进行整合是体系建设的关键，体系建设采用纵向目标和横向数据结合的方法，进行标准和技术整合；纵向上，以业务目标为牵引，梳理监测目标和监测内容，进一步细化到数据分析目标和指标；横向上，以"数据采集—数据清洗—数据分析应用"的数据生命周期为步骤展开；最终通过业务目标映射到数据生命周期各个环节，实现数据赋能业务。

综上所述，监测分析体系的构建主要回答为什么要监测、监测什么和怎么监测三个问题，建设思路如图3.4-2所示。首先，通过系统梳理城市水系统运营的典型业务场景，提炼业务目标；在此基础上，基于业务目标进一步拆解为监测目标，识别监测目标达成涉及的各监测要素，包括监测对象、监测设备、监测指标，逐一明确各监测要素的定义和业务过程；最后，按照数据采集—数据清洗—数据分析的逻辑，细化每个环节涉及的监测要素内容并进行重新组合。

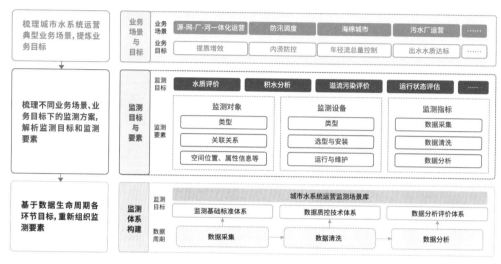

图 3.4-2　监测分析技术体系建设思路

物联网技术、无线通信技术和存储技术等是数据采集、传输和存储的基础；传统的统计分析技术和基于机器学习和深度学习的数据清洗技术助力数据清洗效率大大提升；大数据分析、人工智能等先进技术，支撑监测数据分析往智能化方向发展。上述技术的发展日新月异，本书将聚焦技术的场景化应用，不就技术细节展开描述。

3.4.3　体系架构

城市水系统运营监测是一个系统工程，涉及多目标、多对象、多指标，且各类监测目标、监测对象、监测指标之间存在空间、时间和业务上的关联性。根据这一系统性特征构建监测分析技术体系，体系由四个有机部分构成，整体架构详见图 3.4-3，各部分组成详见图 3.4-4。

1. 城市水系统运营监测场景库

通过对城市水系统运营监测典型业务场景分析，明确业务目标，提炼监测目标；针对不同业务场景下的监测目标，明确对应的监测对象、监测设备，监测指标等监测要素，并对各规则、技术要求等进行统一规定。

2. 监测基础标准体系

以支撑数据采集、传输和存储为目标，对各监测要素的类别、信息进行统一的定义，并明确各监测要素之间的关联关系。

3. 数据质控技术体系

以提高数据质量为目标，对影响数据质量的关键环节进行识别，并提出对应的流程和方法。

4.数据分析评价体系

以监测目标为牵引，提炼数据分析目标，在此基础上构建数据分析指标体系；定义数据分析过程中的分析组、数据分析流程和对应的数据分析方法和工具；并针对可视化呈现方式进行系统梳理。

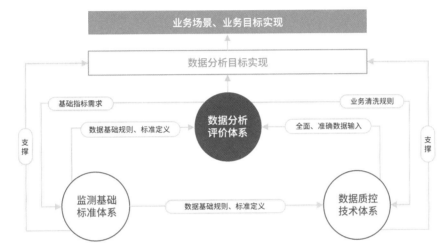

图 3.4-3　监测分析技术体系架构

图 3.4-4　监测分析技术体系组成

3.4.4　监测场景

通过对城市水系统运营中的监测要素进行梳理，形成涵盖指标类型、设备类型和适用场景的监测场景库，监测场景库示例详见表 3.4-1。

城市水系统运营监测场景库示例

表 3.4-1

监测场景	指标类型	设备类型
水雨情监测		雷达液位计
流速平缓的规则断面、明渠、堰槽、斗口的水位监测	水位、液位	超声液位计
流动水体、大中小河流、水库、水体污染严重或腐蚀性强的工业废水等不便建测井或建井昂贵的监测		气泡式水位计

监测场景	指标类型	设备类型
道路低洼处、下穿式立交桥、隧道等易涝点监测	积水深度	电子水尺
污水、雨水排放渠道、泄洪闸门等监测	流量	超声波渠道流量计
输送污水、再生水、雨水的管道监测		超声波管道流量计
河道、明渠等监测		雷达流量计
河道、湖泊、排放口、国考断面、排水管网、污水厂进出口等监测	水质	在线 COD 仪
		在线氨氮仪
		在线总氮、总磷仪
		在线 DO、ORP、pH 仪
		集成式微型水质监测站

城市水系统运营涉及污水处理、管网运营、河道养护等服务，以区域环境效益提升为导向，需要实现排水系统提质增效、合流制溢流污染控制和内涝防控等多业务目标，排水管网系统的运行状态评价可以为前述目标达成提供基础支撑。现以排水管网系统的运行状态评价作为主要监测目标，分析该监测场景下的各项监测要素（监测对象、监测指标、监测设备），详见表 3.4-2。

面向排水管网运行状态评价的监测场景分析 表 3.4-2

监测目标	分析目标	监测对象	监测指标	监测设备
排水管网运行状态评价	淤堵分析	排水管网主干管关键节点	液位、流速、流量、淤积深度	液位计、流速仪、流量计、泥沙检测仪
	漫溢分析	排水管网主干管关键节点、分支节点、泵站进水前池液位	液位、流量	液位计、流量计
	入流入渗分析	排水管网主干管关键节点	液位、流速、流量、降雨量	液位计、流速仪、流量计、雨量计

3.4.5　监测基础标准体系

监测基础标准体系是监测分析技术体系的基础，统一的标准为监测数据采集、清洗和分析提供了重要支撑。按照名称唯一、定义统一、口径一致和依据规范四个原则，对监测设备、监测对象、监测指标三类监测要素进行统一的定义，分别形成监测对象分类标准、监测指标标准、监测设备分类标准，共同构成监测基础标准体系，体系框架详见图 3.4-5。

图 3.4-5　监测基础标准体系框架

3.4.5.1　监测对象分类

监测对象包括资产类监测对象和非资产类监测对象，前者指代实体类监测对象，例如排水管网、污水厂、河道等；后者指代人为定义的监测类对象，包括监测断面、易涝点等。

1. 资产类监测对象

作为城市水系统体系的一部分，资产类监测对象的分类和信息标准沿用第 3.2 节"资产管理体系"，此处不再赘述。

2. 非资产类监测对象

参考国家、行业相关标准规范和项目运营实践，统一定义非资产类监测对象的类别、需要明确数据项名称和数据类型，详见表 3.4-3。

非资产类监测对象基本信息示例　　　　　　　　　　表 3.4-3

序号	类别	数据项名称	数据类型
		易涝点编码	字符型
		易涝点名称	字符型
		坐标 X	数值型
1	易涝点	坐标 Y	数值型
		位置描述	字符型
		关联监测设备、摄像头及数据信息	—
		关联降雨事件下的积水信息	—

序号	类别	数据项名称	数据类型
		断面编码	字符型
		断面名称	字符型
		考核省份	字符型
		责任县（市、区）	字符型
		断面类型	字符型
		所属流域	字符型
2	监测断面	所在河流	字符型
		坐标 X	数值型
		坐标 Y	数值型
		位置描述	字符型
		断面水质目标	字符型
		关联排污口信息	—
		关联监测设备、摄像头及数据（影像）信息	—

3.4.5.2 指标库

1. 指标分类

指标按照其数据来源、业务应用分成监测指标、计算指标两大类。

监测指标是指通过监测、检测等手段直接获取的指标，例如液位。

计算指标指不能通过监测、检测等手段直接获取的指标，需要基于监测指标进行运算得到，根据计算特征进一步划分为以下两种类型：

（1）四则运算类。在监测指标的基础上，通过四则运算进一步派生得到的指标，例如液位高程是基于液位和地面高程进一步运算得到的。此类指标不涉及基于监测指标的描述性统计。

（2）统计运算类。基于监测指标或四则运算类计算指标，按照一定的统计维度进一步运算得到的指标，统计运算类指标一般面向特定分析目标，并且在面向不同的分析目标时可能衍生出不同的名称，例如当该类指标服务于统计监测数据变化趋势时可称之为统计指标，服务于排水系统运行状态评价时可以称为评价指标，服务于海绵城市工程建设效果评估时可称为评估指标。

2. 监测指标库

统一规定监测指标名称、监测指标符号、监测指标单位和小数点后位数，明确监测方式，形成监测指标库，部分内容示例详见表 3.4-4。

监测指标库示例　　　　　表 3.4-4

序号	监测指标名称	监测指标符号	监测指标单位	小数点后位数	监测方式
1	水温	Temp	℃	1	在线/便携
2	pH 值	pH	无量纲	2	在线/便携
3	溶解氧	DO	mg/L	1	在线/便携
4	电导率	C	μS/cm	1	在线/便携
5	浊度	Turb	NTU	1	在线/便携
6	高锰酸盐指数	IMn	mg/L	1	在线/便携
7	化学需氧量	COD_{Cr}	mg/L	1	在线/便携
8	五日生化需氧量	BOD_5	mg/L	1	化验室/在线
9	氨氮（以 N 计）	$NH_3\text{-}N$	mg/L	2	在线/便携
10	总磷（以 P 计）	TP	mg/L	3	在线/化验室
11	透明度	Transp	cm	1	在线/便携
12	氧化还原电位	ORP	mv	0	在线/便携
13	总氮（以 N 计）	TN	mg/L	2	在线
14	余氯（加氯消毒时测定）	Cl	mg/L	2	在线
15	二氧化氯（使用二氧化氯消毒时测定）	ClO_2	mg/L	2	在线
16	氟化物（以 F 计）	F	mg/L	3	化验室
17	表观污染指数	SPI	无量纲	0	化验室

3. 计算指标库

统一规定了计算指标类型、计算指标名称、计算指标单位、计算逻辑、计算方式，形成计算指标库，部分内容示例详见表 3.4-5。

计算指标库示例　　　　　表 3.4-5

序号	计算指标名称	单位	计算逻辑	计算方式
1	液位高程	m	基于液位，结合相关基础参数进行计算	四则运算
2	水位高程	m	基于液位，结合相关基础参数进行计算	四则运算
3	充满度	%	(液位高程 − 管段管底高程)/管径	四则运算
4	日最高液位	m	本日范围内所有有效液位监测值中最高值	统计运算
5	日最低液位	m	本日范围内所有有效液位监测值中最低值	统计运算
6	日平均液位	m	当日所有有效液位监测数据的算数平均值	统计运算

4. 监测设备分类

监测设备类别继承自监测指标类型，例如用于监测液位的液位计，定义为液位监测设备。在某些情况下可做特殊处理。例如摄像头，单独定义为视频监控设备；具备监测多类型指标的监测设备，单独定义为多指标类型设备。

基于以上思路，制定监测设备分类标准，部分内容示例详见表3.4-6。

监测设备分类示例   表 3.4-6

序号	监测设备类型	对应监测指标类型	序号	监测设备类型	对应监测指标类型
1	水位监测设备	水位	6	雨量监测设备	雨量
2	液位监测设备	液位	7	压力监测设备	压力
3	水质监测设备	水质	8	气体监测设备	气体
4	流量监测设备	流量	9	泥质检测设备	泥质
5	流速监测设备	流速	10	淤积检测设备	淤积

3.4.6 数据质控技术体系

通过前述监测场景的梳理、监测分析目标的提炼、监测要素基础数据标准的定义，虽然有效保障了数据的一致性，但仍需要相关技术、规范来进一步确保数据的准确性和全面性，以满足最终数据应用的需求。

数据质量控制技术体系从技术、流程和方法三个方面对数据质控进行统一要求，支撑数据质控工作的开展，为后续的数据分析应用提供完整、准确的数据源，详见图3.4-6。

图 3.4-6   数据质控技术体系框架

1. 数据质控业务场景分析

监测业务过程中影响数据质量的业务活动包括设备选型与安装、设备运行与维护。

1）设备选型与安装

不同型号的监测设备，其测试原理及方法上存在区别，例如水质在线监测设备的测试方法有重铬酸钾法、光谱分析法、电化学法、生物化学法等，不同的测试方法决定了的适用场景和对象不同，因此需要根据不同的监测目标和监测精度要求选择不同的设备，以达到数据满足分析要求的目的。另外，监测设备的安装方式和位置会影响设备测定数据的稳定性和数据传输的稳定性，因此需要按照设备的性能要求和安装要求进行规范安装。

2）设备运行与维护

由于监测设备种类多，运行工况复杂，运行情况和运维周期不统一，对运维人员技术和经验依赖程度高，加之缺乏统一的维护标准，这些因素都可能对监测数据质量产生较大影响，因此设备的规范运维变得至关重要。可以参考运营技术标准体系建立监测设备运营维护标准，规范业务行为，此处不再赘述。

2. 数据质量控制流程

1）目标

为了确保数据的准确性和可靠性，可以通过提炼支撑质量控制的流程和方法，规范和评价影响数据质量的关键业务环节，实现有效、无效数据的甄别，并快速分析数据质量产生的原因，通过采取一定的措施，以实现数据质量提升。

2）步骤

第一步：设备在线状态判定

仪器本身故障、拆除、维护、网络传输故障等原因会导致设备处于非正常监测时段，设备会处于离线状态。一方面通过自动获取或人为判定的方式对设备在线状态进行判别，若判断设备离线，则离线期间无论是否获得或输出监测数据，均为无效数据；另一方面基于设备离线原因排查需求，通过建立设备离线报警—处理—反馈机制，及时排查设备离线原因，并通过不断地发现—处理问题闭环以实现数据质量提升。

第二步：数据有效性判别

对于保持正常在线状态的监测设备，需要根据数据有效性判别流程对正常监测阶段获取到的监测数据进行有效性识别，将数据区分为有效数据、无效数据和存疑数据，保留有效数据，无效数据和存疑数据留待下一步处理。

第三步：存疑和无效数据处理

对于存疑数据，按照存疑数据处理流程甄别出其中的有效数据和无效数据，保留有效数据，对于无效数据按需选择不同的处理方式，例如剔除弃用或数据代替等。

第四步：数据质量评价

对第一步～第三步甄别出的不同类别的数据进行统计分析，按照数据质量评价办法进行数据质量评价。

数据质控流程详见图 3.4-7。

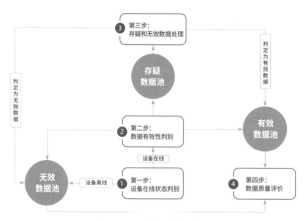

图 3.4-7   数据质控流程

3. 数据有效性判别规则库

根据异常数据判别规则库对基于设备在线状态下获取到的全部数据进行数据清洗，识别存疑数据，输出的存疑数据包括空值、零值、负值、极值；恒值、离群值、重复值、逻辑错误值等。

数据有效性判别规则库[49]示例如表 3.4-7 所示。

数据有效性判别规则库（示例）   表 3.4-7

规则名称	规则内容
阈值检验规则	检测数据值是否超过了对应的阈值范围（参考标准、参数、经验）等
检出限检验规则	利用仪器设备的检出限范围检测数据的最小值，部分设备自带超限报警功能
极值检验规则	结合历史极值，判定数据是否异常
重复性检验规则	在一定时间内，连续出现多个相同的数据值
突变检验规则	针对一定量的数据，出现的明显不合理的突变值

4. 存疑数据处理方法

对于存疑数据，需要通过一定的步骤和方法进一步甄别有效数据和无效数据。由于城市水系统运营的复杂性，对于存疑数据的判定大多需要通过设备的巡检、样品的测试等方式进一步获取相关信息，以支撑数据的甄别。按照数据有效性判别规则识别出的存疑数据会生成对应的报警事件，通过对报警事件进行工单派发，人员到现场进行勘察和水质检测等，通过核验结果，支撑进一步甄别数据的正常和异常情况。

5. 无效数据处理方法

无效数据的来源有两部分，一部分是由于设备离线时段期间的数据，另一部分是设备正常在线期间采集到的异常数据；可以根据实际需求和数据整体情况，进行剔除或补充等处理。

6. 数据质量评价方法

数据质量评价指标包括数据传输率、数据有效率、数据异常率、数据有效传输率，计算逻辑详见表 3.4-8。

数据质量评价方法 表 3.4-8

评价指标（%）	计算逻辑
数据传输率	数据传输率：统计时段内实收数据个数与应收数据个数的百分比
数据有效率	数据有效率：统计时段内实收有效数据组数量与应收数据组数量的百分比
数据异常率	数据异常率 = 1 − 数据有效率
数据有效传输率	数据有效传输率 = 数据传输率 × 数据有效率

3.4.7　数据分析评价体系

数据采集、清洗的目的是对数据进行应用，以支撑业务目标实现。数据分析的基本思路是基于业务目标和监测目标，进一步基于数据分析目标进行数据的组织和可视化展示。首先，基于数据分析的目标，梳理形成分析、评价指标，具体的实施思路参考前述"监测基础标准体系"；然后，基于分析对象的特征按照对象的内在关系去组织数据，借助数据分析的方法呈现数据变化规律，并通过一定的形式呈现规律。数据分析评价体系为上述业务过程开展提供了流程和方法的支撑，整体框架详见图 3.4-8。

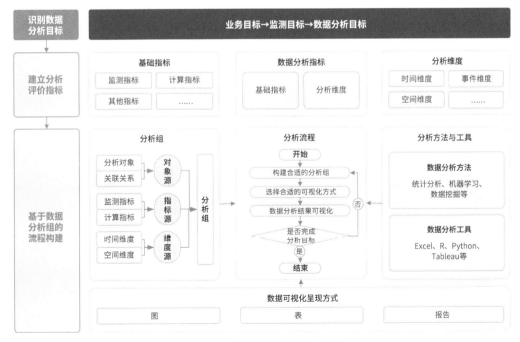

图 3.4-8　数据分析评价体系框架

现以排水管网运行状态评价为例，简述体系内容。

3.4.7.1 数据分析目标提炼

1. 排水管网常见问题梳理

在城市水系统运营中，排水管网主要存在两类问题：一类是管道缺陷，包括结构性缺陷和功能性缺陷；另一类是混错接问题，包括污水管混入雨水管和雨水管混入污水管两种情形。

2. 问题产生的影响分析

上述问题的发生会对排水管网的正常运行产生一定的影响，主要表现为：

（1）管道淤堵，主要是由功能性缺陷引起；

（2）污水或雨水漫溢，可能是由于管道混错接或管道缺陷引起；

（3）入流入渗，可能是由于管道混错接或管道结构性缺陷引起。

3. 影响表现的数据特征分析

上述影响主要会影响排水管网的水力特征和输水性能，可通过数据特征表现进行分析。

1）淤堵

包括多点位液位趋势分析、单点位流速变化分析、上下游液位差分析等。多点位液位趋势分析指在正常情况下，排水管道上下游的液位变化呈现一定的相关性，发生淤堵时，淤堵点位上下游数据变化会呈现出不一致性变化；单点位流速变化分析指对于管道流速来说，在管道流量保持近似不变的前提下，会呈现实际流速低于设计流速的情况；上下游液位差分析，指随着淤堵的演变，淤堵点位上下游的液位差值会呈现一定的趋势，如果插值持续增大，则提示有可能存在淤堵现象加重的情形。

2）漫溢

包括充满度分析、液位高程分析等。充满度分析指通过计算管段的充满度来表征漫溢的风险；液位高程分析指通过对比液位高程与井地面高程，如果为前者接近或等于后者，则表征已经发生漫溢。

3）入流入渗

包括旱天污水排放规律分析、旱天管道负荷分析、降雨场次分析、雨天入流入渗分析等。其中旱天污水排放规律分析指对旱天污水管道流量和液位进行污水排放规律分析[50]，并统计流量日均值、最大液位值；旱天管道负荷分析指分析液位监测数据的最大值与管径的比值，计算运行风险值，评估旱天管道运行负荷[51]；降雨场次分析指按照规则划分降雨场次，并统计降雨历时、最大降雨强度、平均降雨强度、累计降雨量等；雨天入流入渗分析指流量分析，假设旱天流量变化规律在监测期内保持稳定，可将雨天流量视为旱天流量和降雨入流入渗量两部分流量的叠加[52]，通过降雨期间内监测到的流量数据减去已识别的旱天流量，即可得到每场降雨的入流入渗量，在此基础上对同一个监测点的多场降雨事件的降雨量、降雨入流入渗量和监测点对应排水分区单位面积降雨入流入渗量分别进行统计，并进行回归分析，得到单位面积单位降雨量的降雨入流入渗量，作为该排水分区降雨入流入渗严重程度的表征。

3.4.7.2 数据分析指标提炼

基于上述分析，可以提炼出不同分析目标下的数据分析指标、分析维度、依赖的基础指标、分析对象，如表 3.4-9 所示。

数据分析指标 表 3.4-9

分析目标	分析指标	分析对象	分析维度	基础指标
淤堵分析	液位变化趋势 流速变化趋势 液位差变化	单个点位、上下游点位	空间（上下游）、时间	液位、流量、流速
漫溢分析	充满度分析 液位高程分析	单个点位	空间、时间	液位、液位高程、井地面高程、充满度
入流入渗分析	单位面积单位降雨量的降雨入流入渗量	风险点位	空间、时间	实测液位、实测流量、流量日均值、液位最大值、降雨量、最大降雨强度、平均降雨强度、降雨历时

3.4.7.3 开展数据分析

开展数据分析的核心是通过建立分析组，将分析对象和分析数据组织起来，并按照数据分析的流程开展数据分析，过程中可以借助信息化工具，例如信息化系统的数据分析功能进行实现，或者借助一些数据统计分析的方法实现。

3.4.7.4 可视化呈现

可视化是通过使用图、表或报告来解释概念、想法和事实的过程。数据可视化是通过将基础数据以数据图、统计表或数据分析等可视化形式展现的过程；通过对基础数据的压缩和封装，将数据基本特征和不同数据区分特征进行输出，使其更加易于查看和理解。按照对数据加工的层次可以大致分成数据展示图和数据统计分析图两大类。

1. 数据展示图

1）按照时间序列进行数据展示

按照时间序列进行数据呈现是最常用的方式之一，按照不同的数据图涉及的监测点位、指标、工况的不同，可以分为以下 4 种类型，详见表 3.4-10，其中类型 3 示例如图 3.4-9 所示。

时间序列图常见类型　　　表 3.4-10

序号	类型	适用场景示例
1	单个监测点位、单个指标数据图	某检查井流量变化趋势分析
2	多个监测点位、单个指标数据图	多个监测断面溶解氧变化对比分析
3	单个监测点位、多个指标数据图	场次降雨条件下，某检查井液位变化趋势分析
4	多个监测点位、单个指标、多工况数据图	旱天雨天，不同检查井液位变化趋势对比分析

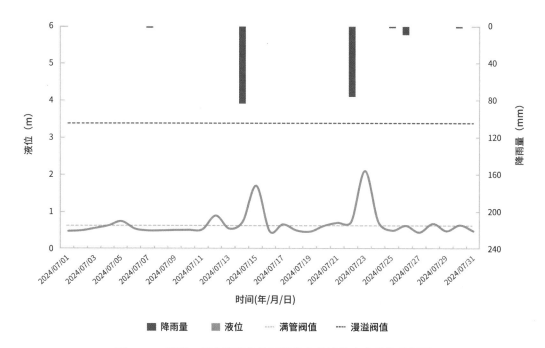

图 3.4-9　类型 3 场次降雨条件下某检查井液位变化趋势分析图

2）按照空间序列进行数据展示

按照空间序列进行数据呈现是另一种常用的方式之一，按照指标数量不同，可以分为以下 2 种类型，详见表 3.4-11，其中类型 2 示例如图 3.4-10 所示。

空间序列图常见类型　　　　　　　　　　　　　　表 3.4-11

序号	类型	适用场景示例
1	多个监测点位、单个指标数据图	某时刻（某批次）排水管网沿程液位高程变化趋势分析
2	多个监测点位、多个指标数据图	某时刻（某批次）管网-污水厂沿程生化需氧量和碳氮比变化趋势分析

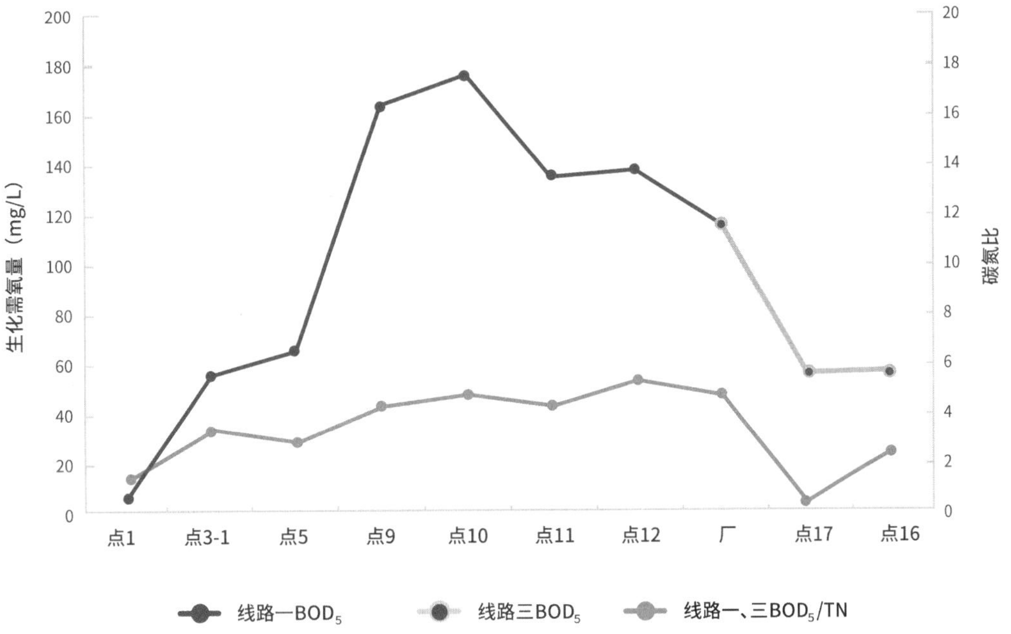

图 3.4-10　类型 2 某批次管网-污水厂沿程生化需氧量和碳氮比变化趋势分析

3）空间序列数据叠加时间序列进行数据呈现

由于按照空间序列进行数据呈现仅针对一个时间切片，在此基础上叠加时间序列进行综合展示，即完整呈现一定时间周期内的数据变化趋势。

2. 数据统计分析图

基于原始数据的二次加工，包括同环比分析、数据拟合、平滑处理等统计分析技术，常用的统计分析图详见表 3.4-12，数据图样例如图 3.4-11、图 3.4-12 所示。

常用统计分析图　　　　　　　　　　　　　　表 3.4-12

序号	类型	适用场景示例
1	相关性分析图	降雨入流入渗评估时，对降雨量与入流量进行相关性回归分析
2	同比、环比统计图	地下水变化动态评估时，对地下水位月同比、年环比变幅进行分析

本节提出的技术体系、指标体系、标准体系框架和应用方案基本覆盖了现阶段城市水系统运营监测的主要内容，下一步还需要结合国家、地方政策要求和具体项目运营监测工作的实际应用情况，积极跟踪国内外相关技术与政策研究前沿，与时俱进，通过验证评价、迭代优化，进一步丰富拓展其内容，进而构建完整完善的城市水系统监测分析技术体系。

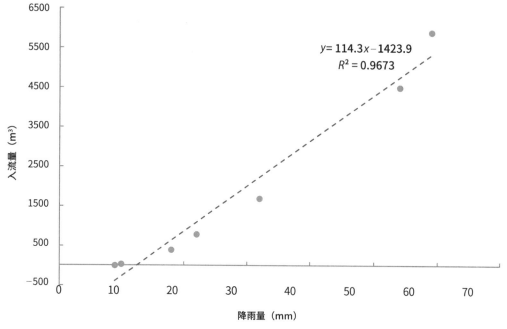

图 3.4-11   某监测点位入流量与降雨量回归分析

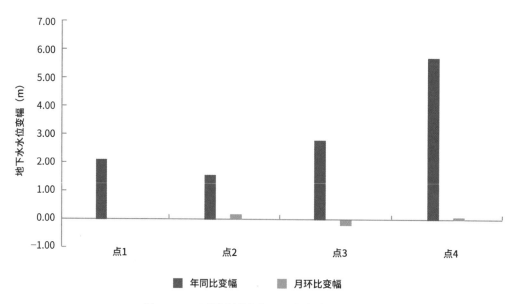

图 3.4-12   不同监测点位地下水水位变幅分析

3.5　多目标调度体系

3.5.1　体系概述

多目标优化问题最早是在 1892 年由意大利经济学家维尔弗雷多·帕累托提出，当时主要是从经济学的角度出发，把不好比较的目标优化问题归纳成了多个目标的最优化问题。1927 年数学家费利克斯·豪斯多夫研究了一种有序空间的相关理论，为多目标优化问题的发展提供了重要的理论依据。无论是在科学研究还是工程应用领域，多目标优化问题都体现了广泛的研究价值和重要的实际应用价值。这也是多目标优化问题的理论和方法不断涌现并发展壮大的原因。多目标优化问题可以这样表示：在一个可行域中，需要通过确定某决策变量（向量）使它在满足所有约束的条件下得到目标函数向量的最优化。

在城市水系统运营中，在诸多场景下都需要调集资源、合理安排任务以实现多个业务目标，即多目标调度。这种调度存在于运营活动的全流程中，本书所述的"调度"特指在运营维护之外的、针对特定场景的调度，主要包括城市内涝防控、活水循环、污水厂群调度等具体场景。

城市内涝防控是指为应对城市内涝积水开展的防范和处置措施。随着城市化不断推进和极端气候加剧，城市内涝问题变得越发重要。以 2021 年 7 月 20 日郑州特大暴雨为例，本次灾害最大小时降雨量达到 201.9mm，共造成河南省 150 个县（市、区）1478.6 万人受灾，因灾死亡失踪 398 人，直接经济损失 1200.6 亿元。为了保护人民生命财产安全，国家对于城市内涝预防和处置十分重视，持续推进城市内涝防控能力的建设。对于城市水系统运营企业，也需要结合政府的防汛统筹安排开展相应的城市内涝防控调度工作。

活水循环是指为防止城市水体黑臭开展的补水和污染控制措施。在城市化过程中，水系破坏严重，产生了大量"断头"黑臭水体，对人民健康和生活质量产生了较大影响，消除城市黑臭水体是国家安排的长期任务。根据《城市黑臭水体整治工作指南》《城市黑臭水体治理攻坚战实施方案》等文件，"活水循环"是消除黑臭水体、保证水质长期稳定的根本性措施之一，也是城市水系统运营企业的"必修课"。

污水厂群调度是指为实现优化污水厂进水水量水质分配及工艺调控、保持排水管网低水位运行等目标而开展的协同管理。随着城市规模的日益扩大、城市人口的不断增加，城市污水产生量也在逐年增加，带动了排水管网、污水泵站和污水处理厂等基础设施的持续增长。由于不同污水厂的处理能力、吨水成本间存在差异，且考虑到排水管网低水位运行虽然可能导致泵站耗电量增加，但会降低排水管网运营维护成本，将整座城市的污水系统作为一个整体来看，也就带来了系统化优化调度的空间，进而实现污水厂群的整体效率最优、成本最低。

活水循环调度和污水厂群调度模式类似于水库多目标调度[52]，而城市内涝防控的调度模式类似于多目标柔性作业车间动态调度[53]，多目标优化调度模型可参考相关成果建立。在这些场景中，除了其主要业务目标外，还存在其他次要目标。如对于城市内涝防控，主要目标是内涝积水的影响最低，次要目标是污染雨水溢流尽可能少、投入资源尽可能少、设备运行能耗尽可能低等。对于多目标问题下如何寻找最优解——这在数学上通常是不可能的——或退而求其次寻找较优解，现阶段在运营实践主要还是依赖调度人员的经验。目前行业内对于如何进行科学调度决策的研究和应用较少，而要实现科学调度、精准决策，其关键除了采用合适的算法外，还必须建立合理的业务框架和模型。

前文所述资产管理体系、运营技术标准体系和监测分析技术体系属于基础业务体系，有明确的建设目标和内容，而多目标调度体系则更为抽象，它是在前面提到的各个基础业务之上进行的应用、融合和优化。因此，多目标调度体系建设的重点是构建一个能够支持、容纳、促进多种目标和需求实现的具有包容性和适应性的业务框架，超越单一业务的局限，站在整个城市水系统运营的角度将各个业务环节有效地衔接起来，从而实现资源的最优配置、效益最大化提升及风险的最小化控制，支持整个系统的高效、协调和可持续发展。同时，不同的调度场景采用统一的业务框架也为信息化系统的开发提供了清晰的指导，提高开发效率和系统的生命力，从而更好地支持业务工作开展。

从业务的开展角度来说，多目标调度体系的核心在于集成目标解构、多维感知、模拟预测、规则抽取和系统调度等多层次元素，开展针对各种目标的实时调度工作，以助力运营管理人员快速决策、响应、反馈，解决调度工作中的不精准、难定量、不及时等难题，如图3.5-1所示。

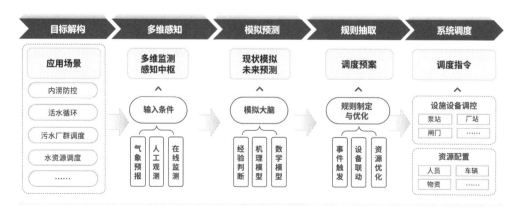

图 3.5-1　多目标调度体系基本框架

3.5.2　建设思路

对城市水系统运营中各种调度场景进行分析，可以看出调度业务与运营维护业务类似，也是由主体、对象、资源、动作等要素构成的任务派发、执行、反馈的业务流程。但与运营维护业务不同的是，调度涉及的通常不是独立的任务，而是针对特定的系统性目标、关联性极强的一组任务（即方案）。因此相比于任务从产生到结束的过程，如何根据业务目标分解任务，并在完成目标的前提下使总时长、总资源消耗最小是更为重要的，这也就涉及事中调度外的事前制定方案和事后总结优化，多目标调度体系的建设思路如图 3.5-2 所示。为了最终实现各调度场景下的多目标最优，首先应识别其业务流程和关键的业务要素，建立业务模型，才能进一步建立寻找最优调度方案的数学模型。

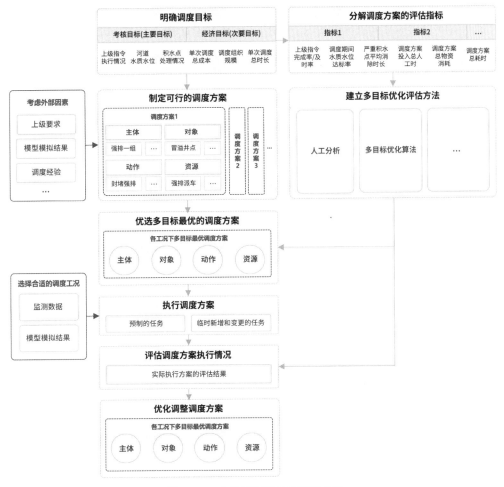

图 3.5-2　多目标调度体系建设思路

3.5.2.1　分解业务流程

根据各调度场景的理论研究和业务实践，其总体业务流程可分为以下几个方面：

（1）明确调度目标。调度方案的选择通常以完成考核目标为前提，而达成考核目标的路径可能有多种，不同路径间的成本和效率存在差别，而评价调度方案优劣也就要从目标开始分析，需要明确各场景下的调度业务要达成哪些目标。

（2）分解调度方案的评估指标。为了能够量化评估调度方案对于多目标的达成情况，需要将调度目标分解为精准、可量化打分的评估指标体系，以对可行的调度方案进行筛选。

（3）建立多目标优化评估方法。在指标分解的基础上，可采用层次分析法、德尔菲法等人工方法为评估指标赋予权重，也可以采用遗传算法、粒子群算法等人工智能复杂算法。

（4）制定可行的调度方案。为实现调度目标，运营单位通常考虑上级要求、模型模拟结果、调度经验等因素，将调度业务要素组合起来形成工况下的可行的多个调度方案。而由于调度事件条件多变，模型精度、数据准确性、算力等因素限制，运营单位通常选择预制部分典型工况下的调度方案——调度预案——以节约针对工况分析研判的时间、实现快速响应，因此本书中将调度方案特化为调度预案。

（5）优选多目标最优的调度方案。通过建立的多目标优化评估方法，对所有可行的调度方案进行筛选，选出整体最优的方案，作为当前工况下最优的调度方案。

（6）执行调度方案。通过对外部环境的监测和预测，选择合适的工况，并选择相应的最优调度方案进行执行。由于事先制定的调度方案不能覆盖全部实际情况，难免需要在预制的任务之外产生临时的任务，这些任务共同构成了实际执行的调度方案。

（7）评估调度方案执行情况。由于筛选出的多目标最优调度方案是理想条件下的分析结果，与实际执行的调度方案可能存在差异，在调度任务结束后需要对实际执行的方案进行评估，分析与原方案的偏离程度，如果产生了明显偏离就需要分析造成偏离的影响因素是否也需要纳入调度方案考量。

（8）优化调整调度方案。在对调度方案实际执行效果评估后，可能需要优化原调度方案，当然由于调度业务的各要素也会发生变化，因此可能还需要针对新的要素重新组合并筛选调度方案。

通过分解业务流程，可以更清晰地看到多目标调度体系在不同阶段的重点工作，如何通过事前的周密计划、事中的有效执行与监控，以及事后的评估与优化，来确保调度体系的高效运作和持续改进。

3.5.2.2　识别关键业务要素

在常规业务中，关键业务要素包括主体、对象、资源、动作，其中主体是执行动作的人或事物，如各类人员、班组等；对象是主体执行动作的目标，如积水点、泵闸站等；资源是各类机械设备、工器具等；动作是行动或事件，如巡查、冒溢检查井强排、启闭设备等。在调度业务中，主体从层级上看包括运营单位和作业人员两种，当主体是运营单位时，描述其对何种对象执行何种动作的载体是调度方案；而当主体是作业人员时，描述其对何种对象执行何种动作的就是具体的调度指令。

调度预案和调度指令是主体不同时表示调度任务的载体，也是调度业务显著区别于其他运营业务的关键业务要素。

3.5.2.3　建立多目标优化方法

因调度预案和调度指令的目标不同，对于目标的衡量指标就产生了差异，不同指标的约束条件也不同，进而造成多目标优化调度模型的不同。

调度预案的主要目标和次要目标即运营单位开展调度的业务目标，通常以考核目标为主要目标，以经济目标为次要目标。

调度指令的主要目标是及时、准确地完成指令，次要目标通常包括人员投入最小、用时最短、物资消耗最少、设备耗电最少、多个目标点间路径最短等。

针对不同主体的不同的目标，采用合适的算法建立多目标优化调度模型。必须要说明的是，算法和模型在调度业务中不是必要的，其仅是提高业务效率和效果的工具，考虑到在许多城市水系统运营项目中可靠的算法和模型的稀缺性，缺少算法和模型不应影响整体业务流程的运转。

3.5.3　整体业务流程

由于篇幅所限，本节重点描述城市水系统运营单位视角下的城市内涝防控业务体系，其他调度场景的业务体系可参照内涝防控调度体系建立。

城市内涝防控的整体业务流程见图3.5-3。

1. 汛前

汛前阶段主要是预先明确防汛调度的目标进而形成对调度预案优劣的评估方法，并识别出需要调控的对象（如事先划分防汛片区、易涝点、确定可能需要调度的设施设备等）、对人员进行分组并明确各组职责、准备防汛物资等，之后将对象、人员与不同条件下需要执行的任务根据一定规则（如上级要求、模型模拟结果、运营经验等）结合起来形成

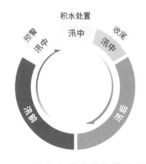

图3.5-3　城市内涝防控整体业务流程

不同工况下的调度预案集，最后根据评估方法筛选出各工况下最优的调度预案。

2. 汛中

汛中阶段分为预警、积水处置和收尾三个子阶段，各子阶段业务含义如下：

（1）预警。当接收到水情信息后至降水发生前要进行一系列的准备工作，包括根

据降水预测和模型模拟结果选择合适的调度预案、根据预案的要求组织参加本次防汛的人员、为各组人员准备并配备合适的防汛物资、安排参与防汛的人员提前就位、对防汛人员进行任务交底等。开始降水后由预警子阶段转至处置子阶段。

（2）积水处置。开始降水后各组人员根据职责开展防汛作业，一般包括易涝点值守、片区巡查、强排、泵闸控制等分工。在这个子阶段防汛人员或监测设备会根据积水情况上报积水点，对积水严重的点位采取疏通、强排等措施，并开启泵闸控制管网水位。降水结束且严重积水点基本处置完成后由处置子阶段转至收尾子阶段。

（3）收尾。防汛处置工作完成后要清点物资、恢复现场（如把打开的雨水箅和雨水井盖归位、泵闸状态归位等）、回收物资、撤回人员、宣布防汛结束等。在宣布防汛结束后，汛中阶段即结束。

汛中阶段内涝防控的业务流程见图 3.5-4。

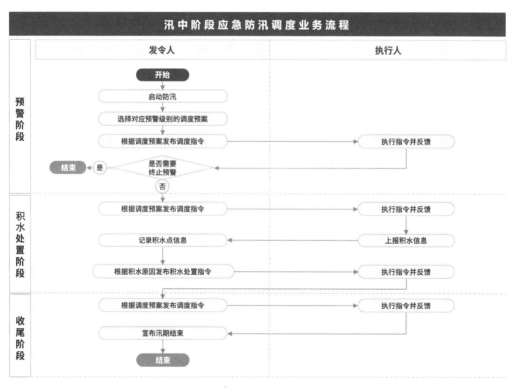

图 3.5-4　汛中阶段内涝防控业务流程

3. 汛后

汛后阶段主要是调度工作复盘，并整理本次降水过程中发现的积水点位、积水原因，更新积水点台账，根据不同积水原因采用清淤疏通、临时封堵、工程改造等措施对积水点进行处理。此外，还需要根据防汛过程优化调度预案，如果使用了内涝模型的也可对模型进行参数率定或数据模型修正。

3.5.4　多目标优化方法

开展调度的目的是实现业务目标，因此首先需要对目标进行分解，明确需要达到哪些目标。通常来说，绩效考核目标是必须要完成的首要目标，如事故风险发生率、重要区域积水点处置时长、上级指令响应时长等，其次就需要考虑过程的经济性，而对于经济目标又可以从多个维度分解，如单次防汛的总成本、防汛组织人员效率、防汛调度总时长等，并可以进一步分解为更加原子的指标。根据业务目标分解出评估指标后，根据目标和指标重要性赋予权重，形成优化评估方法。

多目标优化方法就是通过评估各方案对多目标的达成情况筛选出最优方案，由于优化调度数学模型的复杂性，在运营实践中通常采用人工分析方法，通过模糊比较或计算来比较各调度方案的优劣。但人工分析的结果通常不准确、效率低、难以分析大量复杂方案，为解决这些问题，许多学者尝试建立了多目标优化调度模型，实现对大量可选方案快速、准确比较。多目标优化调度模型多见于水利行业的水库调度[52]，在城市内涝防控场景中，也有针对应急物资和车辆的多目标调度模型[54]研究，常见的算法包括遗传算法、粒子群算法、模糊满意算法等。

当前城市水系统运营中多目标优化算法的应用尚处于起步阶段，面临算法研发的复杂性、基础数据的缺失、过程数据采集的挑战以及边界条件的不稳定性等问题，这些因素限制了优化算法在实际业务中的准确性和可靠性。因此现阶段主要还是依靠调度人员的经验对调度方案进行模糊筛选。然而从长远来看，随着技术的进步和数据采集能力的增强，多目标优化算法有望逐步克服现有障碍，凭借其系统化和精细化的管理优势，最终实现在城市水系统运营中的广泛应用。

3.5.5　调度预案

调度预案由一系列业务要素组合而成，包括预警级别、防控对象、防汛组织、防汛班组、防汛物资、预制指令等，示意图见图 3.5-5。

预警级别表示了调度预案对应的工况，每个调度预案对应一个预警级别。而不同工况下，参与防汛的人员组织和配置也可能有所不同，因此每个调度预案对应一个防汛组织，在防汛组织中既有负责执行调度指令的防汛人员，也有负责指挥调度的管理人员。调度预案中包含若干个需要防控的对象，如防汛片区、易涝点、安全隐患点位和资产等，每个防控对象又对应若干套防汛班组、防汛物资和预制指令的组合。

调度预案的制定通常需要考虑多种因素，包括当地政府的整体防汛部署情况和防汛预案、防汛经验、内涝模型模拟结果等，并在多目标优化模型模拟基础上进一步进行优化。

其中需要特别提到的是城市内涝模型，相比于根据经验建立的调度预案难以周全地考虑影响内涝积水的各项因素，采用城市内涝模型模拟不同工况下的内涝过程通常更具系统性也更加准确，同时使用模型也可以对已建立的调度预案进行校核。常用的城市内涝模型软件普遍采用一维、二维或一二维耦合的水动力学模型，如国外的 InfoWorks CS、Mike Urban、EPA SWMM 等，国内的中国水利水电科学研究院 IFMS、贵仁云模型等。

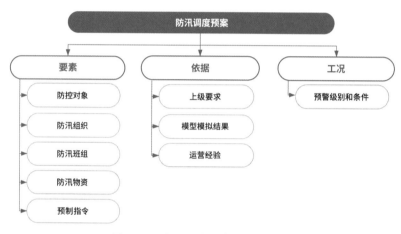

图 3.5-5　防汛调度预案组成示意图

但在实践中，城市内涝模型的应用还存在一些显著的问题。一方面是模型精度较高时运算时间过长，难以在降水情况发生变化时快速给出相应的内涝积水预测；如果为了提高实时性降低模型精度，又会造成可靠性不足；而如果要提高算力，又会造成成本过高和非汛期算力资源浪费，因此在实践中出现了实时性、准确性和成本之间的矛盾。另一方面城市内涝模型的建设和运营维护成本高，虽然模型算法几乎不需要维护，但为保证准确性，模型计算所使用的本底数据却需要根据现实数据进行数据建模，且根据现实数据的变化而经常更新。城市更新、积水点改造或其他工程都可能显著改变地形、管网、河道等基本数据，对模型模拟结果造成巨大影响，而每次数据模型的更新需要专业的建模工程师花费较长的时间进行处理，经济成本和时间成本普遍较高。受限于上述因素，国内城市内涝防控中对于模型的使用通常在降水前编制调度预案和降水初期调整调度预案，除了少数城市外，内涝模型的应用效果并不显著。

因此本节中对于城市内涝模型仅略作介绍，是否使用内涝模型并不影响整体调度流程。

调度预案的执行流程已在整体业务流程中体现，调度预案的创建流程见图 3.5-6。

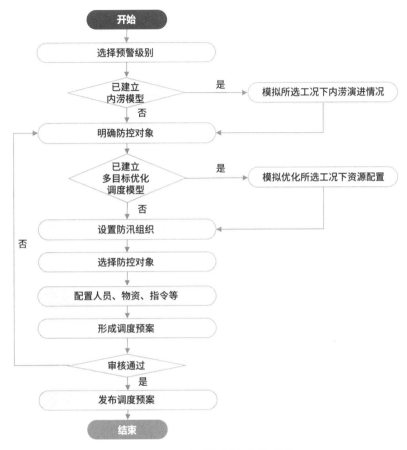

图 3.5-6 调度预案创建流程示例

3.5.6 调度指令

调度指令是相对于调度预案位于更底层的载体，也是组成调度预案的重要元素。

调度指令规定了何人应对何事以何种要求进行何种动作，其是具体任务的载体，也是内涝防控的最小业务单元。从业务含义可以推衍出调度指令应具备的属性，包括发令人、执行人、指令对象、指令动作和指令要求，而考虑到调度指令是动态的，其还应具备指令状态和执行反馈的属性。

调度指令的分类可以从两个维度考虑。一个维度是指令是否有固定的内容，内容固定的指令一般在内涝防控的固定流程节点派发和执行，需要在汛前即定义好指令内容并集成至调度预案，对这类指令定义为预制指令；内容不固定的指令一般是在防汛过程中为应对突发事件制定的，对这类指令定义为临时指令。另一个维度是指令是否具有开始或完成条件，如果指令有明确的开始或完成条件，如当液位达到某一数值时开启闸门，这一指令既有开始条件——液位阈值，也有完成条件——"开启"这一动作执行完成，对这类指令定义为条件指令，条件指令的示例见表 3.5-1；如果指令没有明确的开始或完成条件，如易涝点值守或防汛片区巡查，对这类指令定义为非条件指令，非条件指令的示例见表 3.5-2。

城市防控条件指令示例　　　　　　　　　　　　表 3.5-1

主体	对象	动作	资源	条件
平台	河道泄水闸	启动	—	泵站前池液位达到设定值
泵闸站值守人员	泵站	停止	—	泵站前池液位达到设定值

城市内涝防控非条件指令示例　　　　　　　　　表 3.5-2

主体	对象	动作	资源
易涝点值守人员	易涝点	就位	警示标识、防护设施
疏通班组	排水口	封堵气囊放气	工程车
巡查人员	防汛片区	巡查	工程车
强排班组	积水点	强排	强排泵车

指令类型的定义与其在业务流程中发挥作用的场景相关，预制指令在汛前阶段编制且在大多防汛事件中都需要执行，而临时指令一般在汛中阶段编制；条件指令的开始或结束主要由执行人或计算机自行判断，而非条件指令的开始和结束都需要发令人通知。

调度指令创建、发布和执行的业务流程见图 3.5-7。

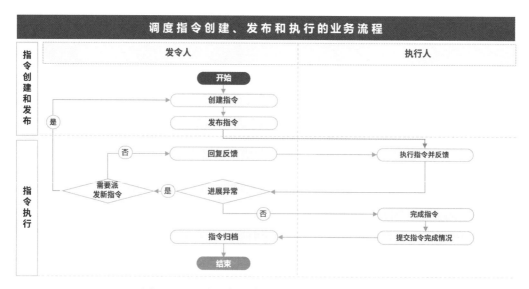

图 3.5-7　调度指令创建、发布和执行的业务流程

3.6 绩效管理与经营管控体系

3.6.1 体系概述

城市水系统运营是一项长期复杂的系统工程，在实践中，城市水系统运营企业应围绕治理目标，以水系统整体而非散点状的设施、设备为对象，统筹开展资产管理、运维管理、监测分析和综合调度工作，方能够形成支撑目标落地的有效路径，真正实现长治久清。

谋定而后动。绩效作为目标达成过程和结果的综合体现，其在牵引业务发展和组织管理方面扮演着至关重要的角色。通过设置一系列与系统目标相一致的绩效指标，能够帮助管理者准确把握城市水系统综合运营的方向和重点，有效将宏观战略目标与一线作业人员的日常工作紧密联系起来，激发员工的积极性和创造力，同时识别具有较高降本增效潜力的细分领域，及时调整组织结构，优化有限资源的配置，进而推动城市水系统持续良好运营和管理组织优化。

建立一套全面、科学、适用的城市水系统治理目标体系，需要充分洞察城市水系统内在的整体性、动态性、复杂性和多功能性。"天地有大美而不言，四时有明法而不议，万物有成理而不说"。自然界中蕴含着复杂而精妙的规律，这让城市水系统运营绩效评价体系的设计成为一项极具挑战的任务。由于城市水系统治理项目往往实施周期较长，在项目初期设定目标时，很难将全生命周期的质量要求充分体现出来。据观察，建设和管理目标不甚合理的项目不在少数，往往出现绩效考核指标仅仅是各子项、分项的工作标准和管理要求的合集，指标体系指向的是城市水系统各类资产的运营维护工作量，而非项目总体运营效果的情况。

表 3.6-1 展示了某海绵城市建设项目中市政管网工程的日常运营维护考核要求，考核标准对水系统中各类资产的运行状态、故障发生后的处理时效作出了明确规定，对系统运行总体情况的考察也落实到了节点层面（如污水错接现象发现次数等），并且包含了部分与运营不直接相关的指标（如运营企业是否提交了第三方机构分析报告）。综合来看，该项目的日常运维考核指标更多是从考察子项运行管理成效和指标易于衡量等角度设置的，未能充分体现系统运营的价值导向，更有甚者，一些考核的指标明显缺乏相关性和逻辑性，抑或存在大量的主观指标。此外，因绩效考核指标设置不甚合理，在执行绩效评价时，运营企业往往需要整理大量图文并茂的巡查、养护、维修记录作为工作量确认的凭据（图 3.6-1），以换取政府较高的绩效评分，兑现服务回报。此类绩效管理方式对提高生态环境和社会效益并无明显益处，徒增运营企业资料整理负担。

城市水系统运营过程中涉及的利益相关者，主要是政府、企业和公众。政府的主要目标是取得社会和经济效益，以社会综合效益为重；公众是城市水系统治理成果长效保持的重要参与者，对美好生态环境有着切实需求；而企业，除了有通过良好运营提高品牌形象和市场竞争力的诉求外，面临运营绩效达标的挑战，还承担着巨大的经营压力。设计绩效体系时，既需要对政府的公益性目标深入分析，也应该高度重视企业的营利性目标，促使政府、企业和公众互利共赢，真正保障城市水系统治理效果。

某海绵城市建设项目日常运维考核内容与分值示例 表 3.6-1

绩效考核项	考核标准
雨污管道	排水不畅通，外溢到路面，未及时修复扣 1 分； 排水设施各类井盖丢失或破碎，检查井盖 1 日内必须换上，未及时修复扣 1 分； 雨水箅 1 日内必须换上，未及时修复扣 1 分； 维修、清掏各种井的过程中，垃圾及淤泥在半日内清走，未及时修复扣 1 分； 排水管线阻塞，污水从井内外溢到路面时，未及时修复扣 2 分； 管道破碎不上报扣 2 分； 每年对检查井、雨水井集中全线清掏 2 次，未及时修复扣 2 分
浆砌明暗渠和非浆砌明沟	明、暗渠两侧砌体若出现塌陷、损坏现象，未及时修复扣 2 分； 暗渠盖板若出现破损未及时修复好，未及时修复扣 2 分； 未及时清理明沟内的漂浮物，未及时修复扣 0.5 分； 夏季没有随时清除杂草，每 100m 扣 1 分；每年对明沟、暗渠清淤两次，未及时修复扣 1 分
合流制溢流控制	旱季检查每发现污水错接现象，未及时修复扣 1 分； 超过产出目标溢流次数，未及时修复扣 1 分； 合流制溢流控制效果未提供完整的达标分析报告，由甲方委托第三方认定或其他机构认定，扣 5 分

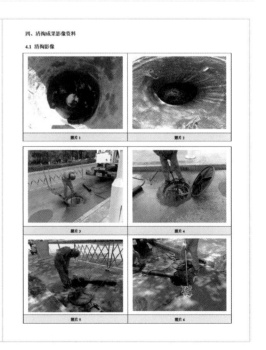

图 3.6-1 项目绩效考核凭据示例

如本书第 2.3 节所述，面对量大且分散的水系统资产、逐步趋严的管理要求和不断推高的用工成本等多重困境，实现资源共享和经验沉淀是运营企业需要重点考虑的问题。除了建设标准化、专业化、智慧化的业务体系及信息化系统外，设立区域化运营组织机构，跨组织高效协作共同解决运营问题，避免资源冗余或闲置，并在组织机构内建立"区域—项目—班组—个人"多层级绩效管理机制等也是推动提升运营效率的有效策略。

因此，除资产管理体系、运营技术标准体系、监测分析技术体系和多目标调度体系等业务体系外，有必要同步构建城市水系统运营目标驱动的跨区域多层次动态绩效管理体系、组织协同与资源集约调配的经营管控体系，以明晰组织目标，补齐流程断点，最大化利用核心资源，科学衔接价值创造与成果分配，深化组织管理变革，支撑城市水系统管理者以最少的资源和成本实现绩效目标并提供高质量的服务，实现由单项目运行达标向持续的区域系统服务发展，由单项目降本增效向集约共享的规模效益升级。

3.6.2 建设思路

业务与管理并不是两个割裂的领域。业务活动是实现组织目标和价值创造的核心过程，而管理则是确保业务实践能够高效、可持续进行的重要手段。无论是业务活动还是管理举措，都必须服务于组织目标，确保各项工作有的放矢。在城市水系统智慧运营中，业务与管理的关系如图 3.6-2 所示。

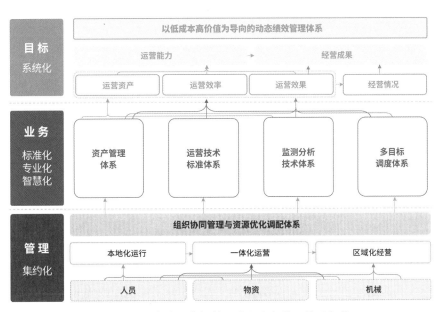

图 3.6-2　城市水系统智慧运营业务与管理体系架构

针对城市水系统运营资产类型多、空间分布广、管理周期长、管理界面复杂等特征，本书兼顾环境绩效达成和资源分配最优，设计多维度、多层级的绩效管理体系。对于跨区域或集团化管理的经营主体而言，除了围绕各项目要求完成运营工作外，还需要在项目间横向拉通、沉淀通用能力，完成项目集群整体良好经营和系统运营能力建设；在项目层面，通过运营资产、运营效率、运营效果等不同视图，综合反映运营资产规模和状态、运营业务过程、运营达标及异常情况；项目运营的优劣将直接影响其经营状况，具体反映在收入、利润和人效等方面；对于承担具体运营工作的班组或员工个人，其组织或岗位绩效可通过工作质量及效率、关键节点任务完成情况等衡量，而基层绩效目标的达成是项目级、区域级目标实现的先决条件；最终，自上而下建设形成一套"区域—项目—班组—个人"的矩阵式绩效指标体系，支持横向全链贯通、纵向逐级下钻的穿透式管理，为管理决策和能力提升提供抓手。与此同时，应开展动态的绩效管理，通过绩效目标制定、跟踪、考评和结果应用，推动绩效体系落到实处。当外部环境发生快速变化时，还应灵活调整绩效指标、权重和考核周期。

本书研究建立了集约化的组织协同管理与资源优化调配机制，通过战略规划、职权整合、资源统筹，支撑业务活动，有序承接绩效目标落地。如前文所述，城市水系统运营管理，分为运行、运营和经营三个层面。

运行，即城市水系统内设施设备资产的日常使用和维护。按照第 3.3 节方法分场景制定运营技术标准后，依据作业规程和频次要求，以固定时间间隔或累计使用时长等设置周期，组织队伍开展设施值守和运行操作、保洁安防等基础工作，并就地处理的简易设备故障等事件。

运营，是在资产正常运行的基础上，为满足城市水系统运营目标考虑系统内资产间的联动制定整体运营方案，并对具体资产运行任务的产生、执行、监控和验收等过程进行规划、指导、组织和控制，开展综合运营管理。而诸如化验分析、工艺调控、管道检测评估、电气设备维修等专业技术岗位，防汛泵车、管道潜望镜、高精度定位RTK 等专业设备，可在项目内跨业态共享，以减少重复配置、降低人才培养成本、提高项目整体运营技术水平。

经营，则要求管理者提供持续稳定的运营服务。对于在特定区域内存在多个项目的经营主体，可采取集群管理模式，连点成片设置业务单元，统筹设置组织架构，抽取通用职能组建区域共享中心，集中项目优势，深度业务融合、能力共建，形成区域性作战能力，化解业务规模扩张到一定程度后对资源配置边际效益的抑制。

围绕上述分层管理目标，可以进一步设计各级组织的人、车、物配置方案，确保本地化运行的高效性、一体化运营的协同性以及区域化经营的战略性。

3.6.3　绩效管理

3.6.3.1　系统目标驱动的复合绩效体系架构

建设城市水系统运营绩效管理体系，需要从全生命周期视角出发，立足于项目又不局限于项目本身，系统性模拟各类治理设施与城市水系统的关联逻辑、项目治理目标与各方价值主张的耦合方式，围绕水资源、水生态、水环境、水安全等水系统运营要点以及长期价值创造等企业核心利益诉求，梳理管理界面，拆解有关各方关注点和各层级参与者的绩效管理侧重点，分解图 3.6-2 中的系统运营目标，形成"政府-企业-公众"三元绩效目标矩阵，在运营企业内部形成"集团级（区域级）-公司级（项目级）-班组级（个人级）"多层级的绩效目标架构，并可将城市水系统项目级运营绩效目标细分为"运营资产""运营效率""运营效果"和"经营状况"子范畴，如图 3.6-3 所示，共同组成了城市水系统运营绩效体系的多维阵列，支撑横向全链贯通、纵向逐级下钻的穿透式管理。后文将分别详细阐述各绩效评价序列的设计思路。

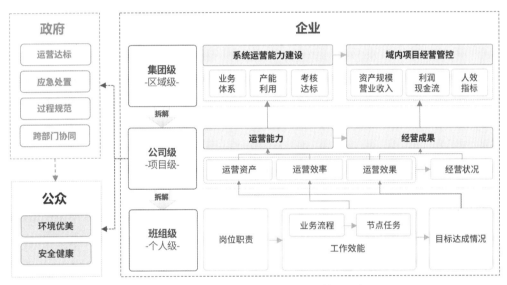

图 3.6-3　系统目标驱动的复合绩效体系架构

3.6.3.2　"政府-企业-公众"三元绩效目标矩阵

政府、企业和公众，是城市水系统运营过程中涉及的主要利益相关方。

对于政府而言，城市水系统运营管理工作主要包括"运营达标""应急处置""过程规范""跨部门协同"几个方面。

首先，政府开展监督管理的首要任务，自然是以绩效考核为手段促使运营企业达成预先设定的绩效目标。各地在设置水系统运营绩效评价标准时，往往经过了多轮可行性论证，因此运营企业能够达到设定的绩效目标意味着城市水系统运行状态和质量符合项目协议约定的评价标准、项目正在有效执行、政府的环境与社会治理责任得以落实。

其次，在城镇化进程加速、极端天气频发等多重因素叠加下，城市水系统运行存在巨大不确定性，在维持日常运行和水生态系统质量稳定之余，常常会出现防汛抢险、水污染应急处置等突发事件，政府需要联合各类运营企业共同制定应急预案、开展应急处置工作，保障城市水系统安全稳定。很多时候，此类非预期的紧急处置任务有时并不在项目协议范畴之内，却成为衡量政府治理能力和决心的重要标尺，政府必须想方设法调动额外资源及时处理。

再次，纵览我国大量城市水系统治理项目的运营绩效考核方案，不难发现许多政府十分重视运营企业过程管理的规范性，具体表现为要求运营企业必须各项规章制度健全、调度方案完善、作业记录详尽、运维档案齐全，要求绩效评分必须依据具备资质的第三方机构提供的检测数据等。此类管理举措为政府开展全过程监督提供了抓手，至于简化要求可能带来的项目总体效率提升和成本降低潜力则通常并不在政府的主要目标之内。

最后，我国城市水系统管理既涉及跨行政区划统筹，又涉及跨职能部门协作，对于项目主管部门而言，准确界定各方责任边界、建立行之有效的协调机制、有效调动众多相关单位、推动资源整合形成合力是一项艰巨而繁重的任务，需要坚持探索、勇敢尝试才能推动城市水系统管理工作不断向前发展。

与政府对城市水系统运营的绩效关注点有所不同，公众对水系统管理的主要目标和期待，可以概括为"环境优美"和"安全健康"。一方面，公众期待改善水环境质量，美化城市景观，提升居民生活质量和城市可持续发展能力；另一方面，公众期望城市水系统提供安全可靠的饮用水和再生水，排水系统能够高效运行，城市内涝现象缓解甚至消除，居民的生命财产安全得到有效保障，最终提高幸福感和满意度。而公众期望的实现，需要政府与企业的共同努力。

企业是城市水系统运营的主体。对于企业而言，城市水系统治理目标的实现和保持是一个长期过程，需要统筹考虑成本与效益的关系，既要保障生态环境效益又要节约综合运营成本，做到综合费效比最优。如何科学合理地设置水环境项目级绩效指标，引导运营企业开展城市水系统运营工作，将在本书第3.6.3.3节详述。

3.6.3.3　城市水系统项目级运营绩效

项目是城市水系统改善提升的重要载体，承载着政府、企业和公众多方共同的关注和期望，也是运营企业管理的核心对象。清晰定义项目级运营绩效，为区域级绩效目标和班组级绩效目标的制定奠定了坚实基础，对于水环境项目的成功实施至关重要。

城市水系统项目级运营绩效，可从"运营资产""运营效率""运营效果"和"经营状况"4个维度反映，见图3.6-4。

"运营资产"维度主要跟踪项目管理资产的数量和规模，以及资产的实际运行状态，表3.6-2是部分"运营资产"指标的示例。资产运行状态评估的具体方案详见本书第3.2节，某些情景中，一类运营资产的状态指标，可以反映另一类运营资产或更大系统的运营效果（图3.2-10）。

由表3.6-2可知，项目级运营资产指标，需要基于资产管理体系构建的资产数据库以及监测分析技术体系构建的运行监测指标库，并结合项目实际情况提炼形成。

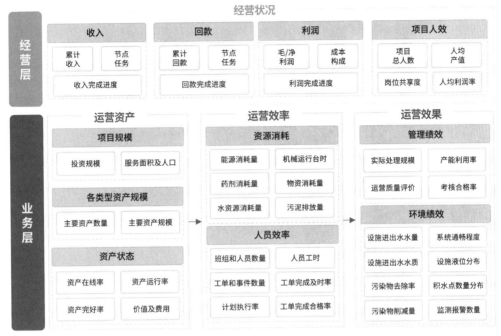

图 3.6-4 项目级运营绩效体系框架

"运营资产"指标示例 表 3.6-2

指标维度	指标内容
资产规模	项目总体规模，如投资规模、服务面积及人口等 主要资产类型及其规模，例如： 排水管网总长度，不同管径、材质及管龄的管网长度； 污水泵站数量及其规模； 排涝泵站数量及其规模； 城镇污水厂数量、处理工艺及其规模； 河道总数、总长度、总面积； 排放口、排水户类型及数量； 上述各类设施所属的工艺设备、在线监测设备类型及数量等
资产状态	资产在线情况，例如： 项目当前资产在线类型及数量； 各类资产累计在线时长、在线率等； 监测仪器仪表在线类型及数量 资产运行情况，例如： 项目当前资产运行类型及数量； 各类资产累计运行时长、运行率； 各类资产运行效率； 各类资产使用寿命，已使用时间与设计使用寿命的比值； 关键设施设备运行工况及异常报警； 各类资产的功能性缺陷情况等

续表

指标维度	指标内容
资产状态	资产完好情况，例如： 项目当前资产故障类型及数量、项目总体资产完好率； 各类资产在一定时期内的故障次数、平均故障间隔时间； 设施所属关键设备及部件的完好情况； 各类资产的结构性缺陷情况（含外观）等 资产评估分级情况 各类资产的原值及现值； 各类资产的运行费用和运维费用等

项目绩效体系中的"运营效率"维度为城市水系统管理者呈现了项目的人员投入和资源消耗（表3.6-3），助力企业管理者挖掘流程优化、效率提升、成本节约的空间。与特定运营资产指标可反映大型系统运营状态类似，在某些情景中，一类运营资产的运营效率，可以一定程度反映其自身乃至其所在的大型系统的运营效率。例如，在确保出水水质达标的前提下，城镇污水厂中核心设备运行效率的高低，体现了该污水厂整体运营效率的高低。又如，在确保污水有效输送、下游水厂进水量平稳的前提下，污水泵站中水泵的运行效率直接影响了泵站的用电量、电费。在城市水系统中，在技术复杂程度、资产老化程度、维护管理水平等多种因素差异叠加下，不同工艺环节间的运营效率可能存在显著差异，单纯罗列各项运营效率指标恐怕难以锁定系统运营效率的瓶颈，此时可将效率指标嵌入水系统图或工艺流程图中进行分析。

"运营效率"指标示例   表 3.6-3

指标维度	指标内容
资源消耗	项目能源消耗总量、总费用； 各类资产的能源消耗量、能源费用，单位处理规模下的消耗量与费用 项目药剂消耗总量、总费用； 各类资产的药剂消耗量、药剂费用，单位处理规模下的消耗量与费用 项目水资源消耗总量、总费用； 项目废水产生总量、水资源利用效率； 各类资产水资源消耗量与费用，单位处理规模水资源消耗量与费用； 各类资产的废水产生量，水资源利用效率 项目污泥、废渣等固体废弃物产生量； 各类资产的污泥、废渣产生量 项目管理的重要机械类别、数量； 一定时期内各类资产消耗机械运行台时数； 一定时期内各班组消耗机械运行台时数

指标维度	指标内容
资源消耗	项目一定时期内各类物资消耗量、金额； 各类资产一定时期内物资消耗量、金额
人员效率	项目当前班组和人员总数； 各类资产的运维班组和人员数量； 各类岗位人员数量； 各类班组的人员出勤情况和工作时长
	当前工单总数，一定时期内巡检、养护、维修、检测等各类工单数； 各运维作业类别的工单完成及时率、合格率； 各类资产的工单完成及时率、合格率； 各类班组的工单完成及时率、合格率
	项目当前执行中的运维计划总数，一定时期内的计划执行率； 巡检、养护、维修、检测等各类计划数量和执行率； 各类资产的运维计划数量和执行率； 各类班组的运维计划执行情况
	项目当前上报和处理事件总数，一定时期内上报和处理事件数量； 各类来源的事件数量、处理率； 紧急事件处理及时率

由表 3.6-3 可知，项目级运营效率指标，需要基于资产管理体系构建的资产数据库、运营技术标准体系建立的作业数据库、多目标调度体系建立的任务指令库，并结合项目实际情况提炼形成。

项目绩效体系中的"运营效果"指标，包括环境绩效和管理绩效两个方面，表 3.6-4 为指标的选取提供了参考。正因为城市水系统具有高度的动态性、复杂性、耦合性，其环境绩效一般难以通过单一指标来体现，例如衡量水环境质量的因素时，需要综合考虑污水排放源、污水输送系统、污水处理设施以及城市地表水体的水量和水质情况；面向城市内涝防控场景评价排水系统时，需要综合考虑雨水系统和合流制系统中沿程液位、淤积和充满度情况，统计历史积水点数量和分布，并考察监测指标严重超标次数。此外，有的地方会将绿化、保洁情况纳入环境绩效考察的范畴。管理绩效指标则反映了城市水系统管理者在整体运营管理和产能利用方面的能力。低成本、高质量的运营管理不仅能创造生态环境价值，也为运营企业带来经济收益，而企业在运营资产和运营效率上的良好表现往往能带来优质的运营效果。

通过表 3.6-4 不难看出，项目级运营效果指标，需要基于资产管理体系构建的资产数据库以及监测分析技术体系构建的监测基础指标、数据分析指标库，并结合项目实际情况提炼形成。

"运营效果"指标示例 表 3.6-4

指标维度	指标内容
管理绩效	各类资产的实际处理规模、产能利用率，例如城镇污水处理厂实际处理水量、城镇供水厂实际供水量、排涝泵站实际排涝规模等 项目运营绩效考核合格率，各类资产的运营绩效考核合格率； 项目运营质量评价结果，媒体报道次数，公众投诉次数等
环境绩效	从城市水系统环境管理视角分析，例如： 污水处理设施进水、出水水量； 污水处理设施进水、出水水质； 污水处理设施出水水质达标率； 污水处理设施污染物去除率； 污水处理设施污染物消减量； 河道水质达标率； 系统内排水户数量及分布，排水户出水的水质、水量； 沿河排放口数量及分布，排放口旱天出流情况； 污水系统 "源-网-厂-河" 沿程水量； 污水系统 "源-网-厂-河" 沿程水质； 污水系统沿程淤积分析； 监测指标严重报警次数 从城市水系统安全管理视角分析，例如： 雨水/合流系统沿程淤积分析； 雨水/合流系统沿程液位分析； 雨水/合流系统沿程充满度； 汛期积水点数量及分布，各积水点的积水深度； 沿河排放口数量及分布； 河道水位、流量； 监测指标严重报警次数 其他环境绩效指标如绿化、保洁情况

"运营资产""运营效率"和"运营效果"，贯穿了系统运营中的对象、过程和结果三个象限，共同组成水环境项目系统运营能力的评价矩阵（图 3.6-2）。这三个绩效评价维度，也是城市水系统运营企业中的业务部门需要重点关注的领域。

然而，企业不是公益机构，其核心目标是维持长久经营并持续盈利。因此对于运营企业管理者而言，准确掌握项目的经营情况至关重要。收入、回款、成本、利润等是所有经营者共同关心的核心财务指标。表 3.6-5 展示了常用的"经营状况"指标，应用时可基于基础财务指标按收入类别、成本类别、资产类型等维度进一步深入统计。值得一提的是，与"运营效率"分析时主要侧重运维班组、关注作业工单执行情况不同，在分析企业经营状况时需要将承担综合管理、统筹调度职责的管理岗位、中后台岗位也纳入考虑，因为项目整体运营不仅仅依赖一线生产和运维活动，更离不开管理层和保障团队的支持服务。当项目管理精细到一定程度时，能够较为准确地追踪记录各项活动的细节，包括人员的工时投入，此时除了人均产值、人均利润等人均类指标外，可以进一步计算时均类指标，如时均产值（单位工时取得的收入）、时均利润（单位工时实现的利润）等，从而更加直观地反映企业生产效率和盈利能力。

经营状况指标并不直接来源于业务体系的分析成果，它是项目系统运营水平的综合体现。除了提高团队运营技术水平外，优化组织架构和资源配置也能达到改善项目经营情况的目标，具体路径将在后文中详细介绍。

"经营状况" 指标示例　　　　　　　　　　　　　　表 3.6-5

指标维度	指标内容
收入	项目累计收入、收入完成进度，分别统计可用性服务费、运维服务费等收入类型的完成情况； 确认收入的节点任务； 按资产类型统计收入完成情况
回款	项目累计回款、回款完成进度； 取得回款的节点任务； 按资产类型统计回款完成情况
利润	项目毛利润、净利润、利润完成进度； 项目总成本以及成本构成情况； 按资产类型统计利润完成情况
项目人效	项目人员总数、组织架构及岗位共享程度； 人均产值、人均利润率等； 时均产值，时均利润，可按资产类型分别统计

对于城市水系统管理者而言，运营效果反映了项目在达到预定目标、满足政府需求、创造生态环境和社会价值方面的成效。这些效果不仅代表了运营企业的专业能力和管理水平，更是对外展示企业形象的重要窗口。而经营状况则是运营企业内部资源配置、成本控制、财务健康以及盈利能力等维度的全面展现。良好的经营状况意味着企业能够高效地利用资产、优化成本结构、保持稳定的现金流，并有能力进行必要的技术升级，这对于运营企业尤为重要。因为城市水系统治理往往需要大量的初始投资、长期的运营维护以及持续的技术创新，只有经营状况稳健，企业才能有足够的资源投入到运营效果提升上。

可以说，运营效果的提升能够增强企业的市场竞争力，从而带动经营业绩增长，而良好的经营状况又能为提升运营效果提供坚实的物质基础和支持保障。两者共同构成了企业经营成果的综合体现，反映了运营企业在市场竞争中的综合实力和持续发展能力。

3.6.3.4　企业多层级运营绩效

城市水系统复合绩效体系架构（图 3.6-3），对于集团化或跨项目管理的企业，在城市水系统管理中面临着多方面挑战，不仅需要引导和支持各项目按照既定目标顺利运营，还需要支撑项目不断强化系统运营能力，保障全局稳健经营，实现集团整体效能提升和可持续发展目标。

在集团总部层面，应通过全面、系统分析各类项目运营核心问题，自上而下规划城市水系统业务体系，分场景建立运营技术标准，设计指导性运营目标框架，组织专题技术与管理培训，为项目开展标准化、专业化、智慧化运营实践奠定坚实基础；与此同时，还需要解码集团总体战略，针对项目特点设计差异化运营策略，助力项目达成既定绩效考核达标的同时最大化节约运营成本，通过运营能力建设切实提高项目产能利用率和绩效考核达标率。相应地，集团级（区域级）系统运营能力建设绩效指标可设置为业务体系建设情况，包括：体系完整性、分场景、分业态的覆盖率及适用情况等；集团总体产能利用率、各项目或业态产能利用率；集团总体绩效考核达标率、各项目或业态绩效考核达标率等。

企业绩效管理的终极目标是价值提升。与项目级绩效指标类似，集团总部层面同样关注营业收入、营业利润、现金流和人效指标。此外，集团总部还应额外关注资产规模及业务结构，确保业务现状和趋势符合企业中长期发展战略。与项目运营能力驱动项目经营目标达成类似，在集团内构建跨项目跨条线的强大体系化运营能力网络，是全面支撑集团经营管理目标高质量达成的重要保障。例如首创环保集团在"生态＋2025"总体战略框架下制定了"技业一体、卓越运营、金融资管"三元驱动的能力策略，坚持稳中求进，追求在全面效率提升的基础上创新突破。

通过集团级（区域级）绩效指标评价结果，决策者可快捷跟踪各项目运营动态，及时调整经营策略，在复杂多变的市场环境中保持正确航向。

公司级（项目级）运营绩效体系的设计思路已在第 3.6.3.3 节中详细介绍，此处不再赘述。

项目公司的实际运营业务，由具体班组和员工承担。各班组（或个人）根据任务分工承担相应的岗位职责，例如，排水管网巡检养护班组负责管网日常巡视检查并根据管网运行需要和考核要求开展日常养护，化验员负责项目范围内污水处理设施、排水管网及河道等所有设施的水样检测化验和分析。

如第 3.3 节所述，城市水系统运营由大量流程化业务组成，如设施内外部检查流程、设施设备维修流程等，不同岗位参与的业务流程不同。针对各岗位参与的业务流程设置对应的节点任务，通过考察岗位在各业务流程中的工作效能以及节点目标完成情况来评价班组和个人的运营绩效。为便于读者理解，还是以排水管网巡检养护班组为例，根据项目运营方案制定班组的巡检养护计划（如每周巡检三次、每半年养护一次），定期跟踪计划执行情况，统计班组作业总工时或完成巡查养护工单数量、完成工单的及时率和合格率以体现工作效能，同时还可统计班组作业过程中物资的使用情况，如果通过优化流程减少了工单执行时物资的消耗，也可视为能力提升。此外，排水管网巡检养护的目标是排查并及时发现管网系统运行问题、保持管网正常稳定运行，因此也应当承接项目层面对排水管网运行状态和故障的考核指标以及排水系统环境绩效目标，最终形成排水管网巡检养护班组的运营绩效指标（表3.6-6）。个人绩效指标可参照班组绩效指标的设置思路进一步细化，形成个人绩效承诺书（Personal Business Commitment，PBC）。

班组运营绩效指标示例　　　　　　　　表3.6-6

指标维度		支撑项目绩效	权重
结果目标	排水管网水质考核达标率	运营效果	10%
	片区内易涝点数量	运营效果	10%
	排水管网设施设备完好率	运营资产	10%
	……	—	—
工作效能	总工时（或完成巡检、养护工单数量）	运营效率	30%
	巡检养护计划执行率	运营效率	10%
	完成工单及时率	运营效率	10%
	完成工单合格率	运营效率	10%
	物资使用情况	运营效率	10%
	……	—	—

3.6.3.5 绩效动态管理

基于上述指标体系构建方法，可建立"集团级（区域级）-公司级（项目级）-班组级（个人级）"的多级运营绩效体系，通过输入集团战略规划、项目绩效目标，并将各业务流程任务设置为埋点，跟踪个人工作进展，实现对业务全方位的追踪。运营绩效体系落地路径示例见图3.6-5。

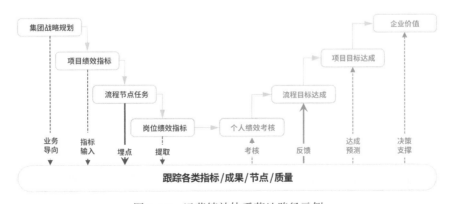

图 3.6-5　运营绩效体系落地路径示例

城市水系统运营绩效体系的落地，要求管理者全过程跟踪各类指标、节点和成果质量，开展绩效动态管理。可参考从战略到执行（Develop Strategy to Execute，DSTE）等常用管理框架，设计绩效动态管理流程，将绩效管理划分为战略制定、战略解码、战略执行与监控以及战略评估四个阶段（图 3.6-6），具体如下：

战略制定阶段总结经营成果，重点找寻市场机会与业绩差距，制定集团中长期发展目标和年度业务规划。

战略解码阶段根据集团战略目标制定年度经营计划及目标，并依据图 3.6-5 逐级拆解到岗位级，明确量化指标和重点事项，确定各节点（埋点）的主责岗位，形成一整套运营绩效监控体系，与各级管理机构及个人签订绩效承诺。

战略执行与监控阶段动态开展运营数据采集与诊断分析，及时发现问题，开展管理调度，化解运营风险，确保战略得到有效执行。

战略评估阶段按照运营绩效考核体系计算各项指标分值，核定目标达成情况，并据此制定激励分配方案；同时，应围绕绩效评价结果总结经验教训，寻找运营策略优化路径，为下一轮战略管理循环提供参考。

图 3.6-6   从战略到执行管理框架

3.6.4   经营管控与资源配置

3.6.4.1   集约化管理思路

为应对运营期绩效达标的检验、降本增效的压力和挖掘增量项目价值的挑战，运营企业可以通过设立区域化运营组织统筹、共享与集成区域内资源，夯实运营能力，提升运营效率，将传统以单一项目运行达标为目标的管理机制向集约共享的区域化服务、系统化经营升级，变"规模不经济"为"规模经济"。

为了达到区域化运营组织设立的目的，应遵循一定原则，例如在划分区域时，优先考虑区域内各项目间的空间距离和交通便捷度，因为这直接影响了资源可及性、管理可达性，在此基础上兼顾考虑行政区划、各项目运营内容和实施模式的差异，提升区域内各项目资源和需求的通用程度；组织模式上，针对区域内项目规模、分布特点和运营内容，设计单核项目群和多核项目群两种模式；在具体岗位设置上，关键领导岗位由一人统筹兼职（如区域组织与项目公司共享总经理），工作频次低、专业性强和智力密集型的岗位可共享（例如运营调度岗、专业技术岗和后勤服务岗等），劳动密集型岗位则以属地化为主。

区域化组织运行体系如图 3.6-7 所示。在项目运行、运营和经营三个层面，区域化运营组织可以发挥多样化的作用。

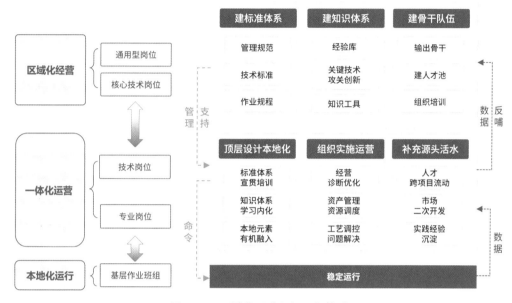

图 3.6-7　区域化运营组织运行体系

在设施设备日常运行操作层面，一般采取本地化作业班组，负责日常使用、养护和简单维修，确保设施稳定运行。

在项目综合运营层面，通过统筹项目内不同业态的运营和调度工作，充分总结项目实践经验，在执行统一标准和知识体系的同时融入项目特色、适当因地制宜，集中技术力量组织工艺调优、攻坚运营问题，支持优秀人才跨项目流动。

在区域化经营层面，在区域范围内共享人力物资等关键资源，并以区域为整体开展经营管控，形成区域性作战能力。通过统一建设技术标准、作业规程和管理规范等标准体系，搭建知识分享工具和知识库，集中优势资源攻关重难点和前沿技术，抢占技术制高点，推动运营管理能力实现跨越式发展；同时构建人才池，组织人才培训和选拔，向区域内各项目组织输出运营骨干。

3.6.4.2　区域化运营组织的组建模式

可根据区域内项目特点，区域化运营组织有单核项目群和多核项目群两种的组建模式。

单核项目群顾名思义，区域内只有一个核心项目，其他项目的投资规模、运营规模都较小，因此需要以核心项目为基础做强区域组织，建立起对区域内其他项目的支持能力，将核心项目打造成为区域内的"黄埔军校"（图 3.6-8a）。

多核项目群，是指区域内有两个及以上核心项目，在投资规模、运营规模、业务类型方面相对均衡。多核项目群需发挥区域内不同项目的优势，统筹、吸收核心项目资源、能力，制定差异化的能力建设和资源配置方案，例如在区域内 A 项目培养排水管网运营能力，B 项目培养供水能力，C 项目培养海绵城市建设运营能力，以此促进优势互补，带动周边项目发展（图 3.6-8b）。

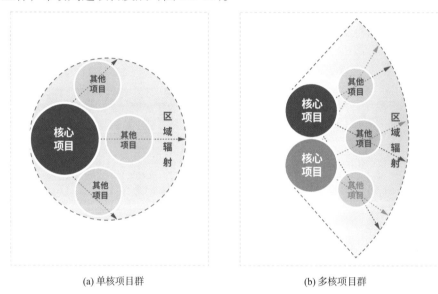

(a) 单核项目群   (b) 多核项目群

图 3.6-8   区域化组织组建模式示例

除了核心项目外，区域内其他项目保持小而精的规模，只承担项目运转的基本职能。

3.6.4.3   组织协同管理

组织管理的本质，是以人为中心，通过计划、指挥、协调、控制等手段对组织拥有的人力、物力、财力等资源有效调配，以期高效达到既定目标的过程。

在设计区域化运营组织时，可将岗位划分为通用型、专业技术型和业务型三类，前文提到的区域组织的关键领导岗位属于通用型，工作频次低、专业性强和智力密集型岗位属于专业技术型，而劳动密集型岗位属于业务型，各类型岗位的具体特点及配置思路如表 3.6-7 所示。

以我国某东部沿海省份的区域化运营组织为例，介绍组织架构设计方案。

该区域共有三个项目，区域内运营资产以河道和管网为主，河道和管网类资产的资产规模占比分别为 60% 和 38%、运营收入占比分别为 61% 和 34%，未来拟依托区域组织拓展该省其他地区运营服务业务。针对该区域的项目特点，建立以水系管养和管网运维为核心的单核项目群，布局该省城市内河水系管养及污水处理提质增效业务。围绕区域组织定位规划其组织架构，如图 3.6-9 所示。

区域组织岗位配置思路　　　　　　　　　　　　　　表 3.6-7

岗位类型	特点	岗位范围	优化需求
通用型	①业务具有普适性，区域内各项目可共享、统筹； ②场景、频率随机； ③跨项目统筹障碍较小，共享效应更显著； ④各项目普遍设置，配置标准一致	高管：总经理、副总经理 中层管理人员：（财务/运营）总监、部门负责人 综合管理类：党务/行政/人力/市场/宣传/会计/出纳/合约/采购/成本 运营管理类：经营管理/安全管理/资产管理/指挥调度/资料与档案/智慧运营平台维护	统一队伍，各项目不必单独设置，提高工作水平
专业技术型	①在同类型业务领域可共享、统筹； ②人才培养和引进成本较高，部分岗位工作频率低，共享效应显著； ③各项目差异较大，配置标准与业务内容、规模相关	运营技术与科研类：运营技术与研发 专业功能类：检测分析/化验室管理 专业技术（工程师/中高级技工）：工艺工程师/运行工程师，设备工程师/电气工程师/管网检测与评估工程师	统一队伍，各项目不必单独设置；同时降低人才培养成本，提高区域运营管理和技术能力
业务型	①高频率现场工作：无法统筹、共享； ②低频率现场工作：一定范围内统筹、共享； ③各项目差异大，配置标准与业务内容、规模和考核标准相关； ④劳动密集型，基数大	水厂运行/巡检/电工/机械工/环卫保洁/垃圾清运/绿化养护/管网清疏/维修改造/应急抢险 安全员 综合业务 现场管理	对低频率现场业务，区域内统一队伍，可统一劳务外包单位，对现场业务统一标准管理

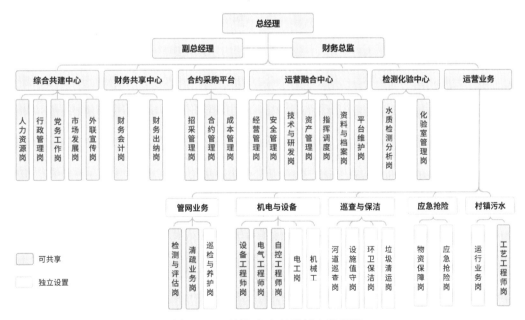

图 3.6-9　区域组织架构设计方案示例

　　其中，总经理和财务总监为固定编制，而副总经理、综合共建中心、财务共享中心、合约采购平台、运营融合中心等领导层岗位以及通用管理部门则按照区域年运营服务费收入规模设计编制数量。以运营融合中心为例，当区域年运营服务费收入在 2000 万元以内时，编制数量为 6 人；当区域年运营服务费为 2000 万～5000 万元时，编制数量为 7～8 人；当区域年运营服务费为 5000 万以上时，每增加 2000 万增加 1 人，最多不超 15 人。当编制人数较少时，部门中的多个岗位职责可由同一人担任。

而管网巡检业务岗、管网清疏业务岗、管网检测评估岗、村镇污水运行业务岗、村镇污水工艺工程师岗等专用型、业务型岗位的编制数量，应根据运营资产的规模设计。以管网清疏业务岗为例，当运营管网总长度在 200km 以内时，编制数量为 1 个班组（每个班组 5 人）；当运营管网总长度为 200km 以上时，长度每增加 200km 增加 1 个班组。

培训对于区域组织的重要性不言而喻。通过学院式授课、沙龙式研讨、学徒式授业等多种形式，建立多层级培训体系，依托成熟项目逐步建立专业的运营培训基地，并结合各区域业务特点针对性培养特色高端人才，孵化区域运营能力，壮大集团人才池。

3.6.4.4 物资优化配置

随着业务发展，物资对于城市水系统日常运营越来越重要。

城市水系统运营管理中涉及的物资分类复杂、品种多、覆盖面广，既有价格不菲的特种作业车船，也有日常作业使用的铁钉、螺钉等耗材。纷繁复杂的物资品类、多样化的资源使用需求，都对物资管理提出了巨大的挑战。表 3.6-8 展示了部分城市水系统运营涉及的物资类别。

由于物资管理本身的复杂性和各级使用部门物资管理的随意性等多种原因，导致一线物资管理人员无法及时了解物资的真实情况，部分城市水系统运营项目中账物不符的现象日益明显。针对各类物资使用特点，总结一线管理经验，优化管理流程，建立项目级物资管理体系如图 3.6-10 所示。

运营物资分类示例 表 3.6-8

序号	物资类别	示例
1	耗材	机油、轴承、电缆、胶带、油漆、砂石、滤芯
2	工器具	头灯、强光手电、伸缩灯、气保焊机、铁锹、电钻
3	机械设备	移动式变频水泵、空压机、打夯机
4	作业车辆	巡检养护车、防汛泵车、高压冲洗车
5	仪器仪表	投入式液位计、四合一气体检测仪、施道检测潜望镜
6	药品	硫酸银、重铬酸钾、纳氏试剂、过硫酸钾
7	杂品	扫把、水桶

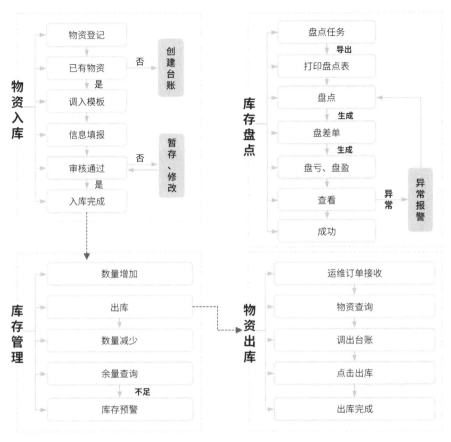

图 3.6-10　项目级物资管理体系

对于诸如防汛泵车、管道潜望镜、高精度定位 RTK 等专业设备，可在区域内建立重点物资协调调度机制，实现跨业态共享、减少重复配置，提高资源的利用效率。

第4章

智慧运营
平台建设

CONSTRUCTION OF
INTELLIGENT OPERATION
PLATFORM

04

CONSTRUCTION OF INTELLIGENT
OPERATION PLATFORM

智慧运营
平台建设

4.1　行业现状

4.1.1　城市水系统智慧化发展需求

如前文所述，城市水系统基础设施经过数十年的建设，资产的"体量"已非常庞大，但行业专注于快速盈利的工程建设，对城市水系统的运营管理水平远未跟上资产数量的增长，传统运营模式普遍存在"头疼医头、脚痛医脚"的被动运营，管网、河湖、厂站独立运营以及过度依赖人员经验、成本高、效率低等问题，导致资产的"质"和"效"有所不足，如何使用有限资源更好地管理庞大复杂资产成为摆在政府和企业面前的难题。

新一代信息化技术的出现为水务行业由粗放式发展向精细化管控的转型提供了契机。随着国家对城市水系统综合管理工作更加系统化、精细化的要求以及物联网、云计算、大数据、人工智能等新一代信息技术的不断进步，城市水系统管理工作将向"预测、预警、预防"的主动运营方向发展。通过技术创新和管理模式革新，对城市水系统各阶段、各环节、各要素进行精确化管理，全面提升水系统管理效率和效能，实现实时感知、主动服务、整合资源、科学决策、自动控制和应对未知风险等多重目标，落实"源-网-厂-河"一体化管控，推动城市水系统健康可持续发展，让群众拥有更多的获得感和幸福感的同时，为生态文明建设和美丽中国目标的实现提供坚实的支撑。

4.1.2　城市水系统智慧化发展现状

城市水系统运营的智慧化源自传统水务运营的智慧化，水务行业信息化技术应用的发展经历了自动化—信息化—智慧化的系列发展阶段[55]。

在20世纪70年代，世界上即有污水处理厂开始应用在线监测技术和自动控制技术[56]。作为智慧化的初级阶段，自动化阶段出现的在线仪表即是智慧化框架中感知层的雏形。

随着互联网技术的发展，水务行业向着信息化方向迈进了一大步。将原本孤立的单体项目通过网络串联起来，极大丰富了数据的来源，实现了远程业务管理，为智慧化发展奠定了基础。

20世纪90年代至今，通过对专家隐性知识的显性化，开始将高级的算法、模型、决策树等技术应用在实际业务管理中，取得了较好的效果。但总体上来看，水务行业的智慧化仍处于较初级的阶段。

与城市水系统治理由传统水务开始相似，水厂也是城市水系统中应用和发展新一代信息化技术的前沿领域。2000 年前后，污水处理的智能控制开始成为学界的研究热点；2008 年，智慧化污水处理厂的应用案例见诸报端；2013 年 8 月 5 日，住房和城乡建设部发布了《住房和城乡建设部办公厅关于公布 2013 年度国家智慧城市试点名单的通知》（建办科〔2013〕22 号），引发了行业的广泛关注，自此引发了国内水务行业智慧化的热潮。

自 2021 年起，国家在相继发布的《"十四五"城镇污水处理及资源化利用发展规划》《物联网新型基础设施建设三年行动计划（2021—2023 年）》《国务院关于加强数字政府建设的指导意见》《"十四五"全国城市基础设施建设规划》《中共中央 国务院关于全面推进美丽中国建设的意见》等政策规划文件中均明确将"数字化""智慧化"作为推动生态环境保护与基础设施建设领域高质量可持续发展的重要手段和城市水系统各业务实现协同运营管理的关键环节，在城市水系统各领域积极谋划并推进信息化管理和智能化运行监控系统建设，努力提升城市水系统综合管理的科学化、规范化、自动化、智能化水平，以数字化赋能生态环境治理。尤其是 2023 年《数字中国建设整体布局规划》正式印发，我国数字化相关政策导向逐步清晰，产业数字化与数字产业化趋势相互交汇，技术和数据已成经济发展的两大新生产要素。新政对生态环境智慧治理提出明确要求，为城市水系统治理领域智慧化、数字化建设和发展指明了方向，见图 4.1-1。建设绿色智慧的数字生态文明成为社会关注的焦点，城市水系统运营模式的智慧化转型已成为必然选择。

图 4.1-1　数字中国建设整体布局规划相关内容

经过数年的发展，国内智慧水务的技术和应用场景逐渐清晰，纵向上形成了"数据采集—数据传输—数据存储—数据应用—数据服务"的业务链条，横向上形成了"咨询服务—硬件制造—软件开发—运维服务"的产业链条，信息技术在水务行业的各细分领域已得到了初步应用。

城市水系统其他业态的起步较晚，但是从"海绵城市建设"到"城市黑臭水体治理攻坚战"再到"山水林田湖草沙一体化保护和系统治理"，在国家政策的推动下正在快速发展。

总体来看，城市水系统综合运营的智慧化还处在起步阶段，在运营方面缺少信息化技术的有力支撑。但随着信息化技术的快速发展，技术应用的门槛和成本在逐渐降低，而应用的深度和广度在不断提升。可以预见，信息化技术将成为未来提升城市水系统整体运营管理水平的最有力、最便捷的工具。

4.1.3 城市水系统智慧运营平台问题

尽管政策的发布和技术的发展催生了大量"智慧化"产品，但现有智慧化、信息化产品一方面研发主体多为IT企业，业务人员被动参与，造成产品不深入、不易用、同质化严重；另一方面多围绕单点需求研发，造成产品体系不健全、"数据孤岛"现象频发，未能切实有效地提升运营管理水平。此外，运营管理体系不健全、运营管理手段粗放且标准化程度偏低、传统业务模式难与信息化技术深度融合也是制约智慧运营平台发挥效用的重要因素。从智慧运营平台对于运营企业的价值维度来看，目前市场上的产品存在以下问题。

1. 市场供需双方皆不成熟

运营企业大多仍处于数字化转型初级阶段，自身业务基础薄弱，尚不具备深入实施数字化转型的条件。而多数供应商处在产业链末端，生存压力抑制能力提升，有能力提供成熟产品的供应商不足，能够提供综合解决方案的则更为稀缺。

2. 产品与业务存在错配

无论是ICT厂商或是垂直领域的智慧化产品供应商，均缺少对城市水系统运营业务场景的深刻理解。市场上供应的智慧化产品与业务实际需求之间存在明显偏差，特别是难以满足一线运营人员使用需求，缺少实质性绩效贡献。

3. 智慧价值尚难以量化

由于智慧平台的价值缺少明确计量和实证案例，在预算紧张的情况下极易影响运营企业数字化转型驱动力。行业亟须构建创新的商业模式，以便更清晰地展示智慧解决方案的投入回报，从而实现资本支出向实际价值的有效转化。

从智慧运营平台自身的建设维度来看，目前市场上的产品存在以下问题。

1. 缺乏统一规划与技术标准

早期的信息化系统开发通常没有进行统一的规划和设计，又或是受到预算的限制导致各系统间相互独立甚至重复建设，建设过程中采用不同的技术标准和架构，缺少通用能力沉淀，协作交互复杂，响应业务慢，更新维护成本高甚至可能完全无法随着业务需求变化而更新，大量烟囱式的系统陡增管理成本，系统间的兼容性低也不利于产业链的协同发展。

2. 功能与需求脱节，使用体验较差

信息化系统开发者往往不具备城市水系统运营管理经验，并且没有充分调研基层业务的实际需求和工作流程，导致系统与一线需求脱节，系统功能冗杂，界面设计复杂，操作流程烦琐，运营人员难以快速上手并有效利用系统解决实际问题；有的信息化系统因技术选型不合理导致响应速度慢，稳定性差，进一步影响了使用体验。

3. 缺乏有效数据治理与资源共享

数据治理是确保数据质量、提高数据利用价值的关键。然而，当前许多信息化系统缺乏有效的数据治理，导致数据质量参差不齐，影响了使用效果。同时，城市水系统智慧运营平台建设是系统工程，可能涉及多个关系方、多个业务系统，资源共享具有重要意义。然而，大量信息系统在建设过程中资源共享服务较差，导致资源未能得到充分利用。

总体来看，当前智慧运营平台无论是在功能深度、软件性能还是可操作性方面普遍未能满足城市水系统综合运营的使用需求。平台多数基于特定项目的定制化开发，未能从业务场景和底层逻辑出发，缺乏统一的数据标准和业务架构，导致数据有效性不足，未能充分发挥数字化的潜力，且难以满足多层级、多业态的管理需求。

4.2　总体原则与技术路线

4.2.1　总体原则

在业务技术体系的框架下，以"业务引领、技术支撑"为思路，按照"需求分析、业务建模、功能设计、架构设计、代码编译、集成测试、迭代更新"的流程，采用"统一技术标准、统一运行环境、统一安全保障、统一数据中心和统一门户"的五统一原则，建设满足运营业务需要的城市水系统智慧运营平台。智慧运营平台总体架构采用主流的技术架构设计，基于"感、传、知、用"的技术框架，构建包含"集约完善的基础设施体系、高效可控的数据传输体系、有序共享的信息资源体系、协同智能的业务应用体系、优化健全的安全保障体系、管用实用的标准规范体系"的总体技术架构，如图 4.2-1 所示。

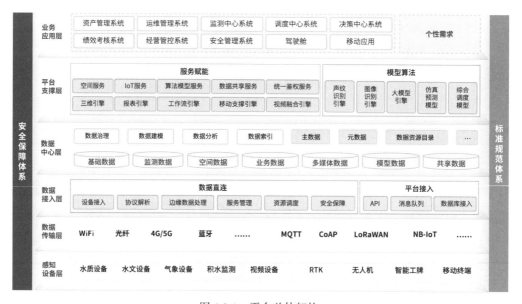

图 4.2-1　平台总体架构

4.2.2 技术路线

在架构设计阶段，需要选择合适的技术框架以确保平台能在面对未来业务需求时持续演变。

一是选择具有低耦合性和高度组件化特点的微服务架构和前后端分离的开发策略，每个服务都可以独立更新和扩展，可以快速构建和部署用于各种业务场景的应用，也简化了平台的维护和升级过程，提升了整体的灵活性和响应速度。以城市水系统智慧运营顶层设计和业务体系为基础，基于微服务架构开展对应的功能建设，确保各功能边界清晰、层次分明、逻辑严密、流程完整。各功能模块独立运行，通过业务流程和数据进行相互协作（图4.2-2），利用数据中心实现数据统一处理和分发，通过驾驶舱实现数据可视化展示，共同支撑起城市水系统运营的全周期和全业态管理需求。这种设计确保了平台具有组件化、服务化和弹性化特点，从而能够快速构建适用于不同业务场景的应用，并且在面对业务扩展或变化时，能够高效地进行调整和优化，从而保持业务适应性和平台生命力。

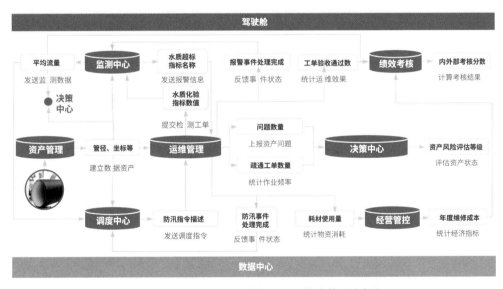

图 4.2-2 平台业务流与数据流（以排水管网为例）

二是采用租户模式划分服务单元（图4.2-3）以契合"总部-项目"等多层级管理需求，既保持各项目业务的灵活性，又能实现集团总部对项目的控制力。采用租户模式，一方面可以在租户之间共享基础架构、业务标准和流程，并根据项目的实际情况和需求选择并配置相应的服务；另一方面该模式能够支持集团公司实现统一管控，优化资源分配，减少重复投资，确保业务流程的标准化和合规性，解决各类项目"号令不通"的问题。此外，以租户模式建设平台还能形成集团数据资产的重要"源"和"汇"，通过数据资产价值的汇聚和释放，实现集团业务、技术、管理专家智慧的全面共享，为运营一线赋能。

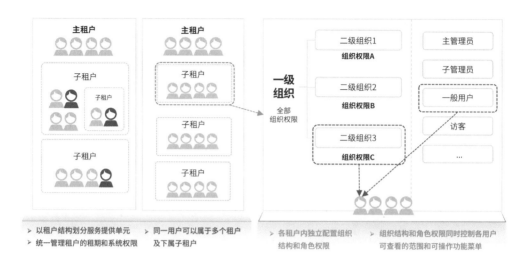

图 4.2-3　租户模式架构设计示意

在技术选型上，整合 IoT、GIS、数字孪生、人工智能、大数据等多项技术，确保平台面对未来业务需求的可扩展性，并支持在国产化环境中部署，积极响应国家的"信创"战略。

在开发方式上采取敏捷开发，这种灵活和适应性强的开发方式可以更好地匹配城市水系统智慧运营处于发展初期、业务体系还在持续探索和深化的现状。敏捷开发需要由开发团队和业务团队紧密协同推进工作，通过小步试错和快速迭代，在开发过程中灵活调整方向，降低风险，实现平台的持续优化和改进。敏捷开发流程如图 4.2-4 所示。

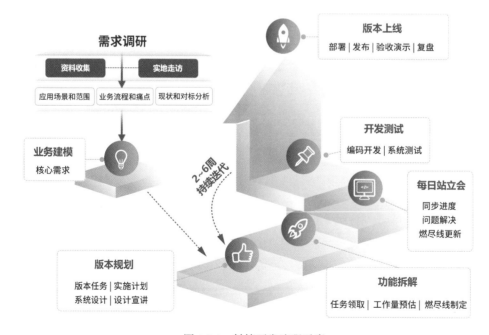

图 4.2-4　敏捷开发流程示意

4.3　业务模型构建

许多人对信息化系统研发存在误解，认为它仅仅需要处理技术层面的问题，从而将研发过程中的系统架构设计等同于技术架构设计。传统的信息化系统开发流程也仅将需求调研和系统原型设计列为程序编码之前的主要环节，并不强调业务建模在其中的作用。忽略业务建模，导致市场上大量信息化系统的交互流程与实际业务脱节，或者仅仅做到了将线下的业务线上化，未能发挥信息技术的最大效用。最终，城市水系统运营管理者付出了真金白银，却只收获了"不实用、不管用、不够用"的软件，无奈之下只好一边对信息化系统研发团队怨声载道，一边反思花的钱是不是都打水漂了，被迫缩减后续的信息化预算；而信息化系统研发团队虽然在项目中倾注了许多时间和心血，但没能沉淀业务经验，沦为彻头彻尾的"工具人"。工作价值不可视致使很多软件开发项目陷入低价竞争，开发人员的精力投入难以保证，陷入恶性循环。

正因为业务建模在信息化系统研发过程中占据了举足轻重的地位，本章节将通过具体场景详细介绍业务建模的实施方法。

4.3.1　业务模型基本概念

业务建模是对组织及其运作流程进行建模的过程，通过图形、文本、数学公式等工具来描述组织的业务逻辑、数据流动和系统架构，清晰展示业务运作过程和业务实体间的关联，反映业务的本质特征。通过建立高层次、可复用的业务模型，帮助管理者更好地理解和优化组织的业务运作。

本书认为，业务建模应在开展系统功能规划设计之前完成，或结合实际工作进度要求与功能设计工作穿插进行。业务建模的成果，为系统设计阶段的总体功能规划以及界面布局、交互流程、信息结构和依赖关系的设计提供必不可少的输入；而业务建模和功能设计的成果又共同成为软件技术选型、开发方案制定和视觉风格设计的基础。在传统信息化系统研制流程中增加业务建模的环节，可以确保架构与真实需求保持一致，并识别当前业务架构的瓶颈、优化系统性能、提高整体效率和可靠性，见图4.3-1。

图 4.3-1　信息化系统研制流程示意图

当然，业务模型不是一成不变的，系统部署上线后，仍需结合实际情况迭代优化，业务设计师通过敏锐洞察系统交互流程与实际业务流程的差异，在工程量可接受的前提下调整业务架构，以更好响应实际需求，提升使用体验，保持智慧运营平台长久的生命力。

4.3.2　业务建模价值

如前文所述，在城市水系统运营管理过程中涉及的业态和场景众多，通过业务建模，广泛且详细地刻画业务全景，梳理业务活动的基本程序、核心活动和关键环节，总结业务架构、参与各方的角色和权责，厘清各要素间相互关系，准确定义操作方法和计算规则，对信息化系统研发的成败至关重要。

以城市内涝防控为例，过去城市水系统管理者在面对暴雨等极端天气时，迫于技术手段限制，为切实保障人民生命财产安全和城市正常运行，不得不采取"人海战术"，例如针对历史积水点位提前布防，安排大流量排水抢险车在下凹桥区等重要路段值守，根据现场盯防人员实时回传的路面积水情况调度抢险物资等。2021年汛期，我国南方某中型城市建成区共计开展防汛助排作业16次，单次作业最大动员人数为226人。防汛期间，作业人员常常需要高强度连续值守，持续工作时长甚至达到72h，见图4.3-2（a）。

为提高极端天气应对能力，许多城市会选择建设内涝监测预警系统，利用雨量传感器、流速/流量传感器、电子水尺以及视频监控等设备，实时监测降雨情况、水位涨落以及排水系统运行状况，动态反映涝情变化，再结合气象预报数据系统分析降雨趋势和内涝风险，实时调度防汛片区内人、车、物，必要时启动排涝泵站和闸站等设施进行排涝，并及时向相关部门和公众发布预警信息。同样以我国南方某中型城市为例，该市仅一个市辖区范围内就布设了各类监测设备共261处，汛期监测频率为1min/次至15min/次不等，每日产生的在线监测数据量多达14万条，见图4.3-2（b）。

随着模型技术发展，近年来一二维耦合水动力模型已被广泛应用于城市排水系统建模、内涝风险模拟与评估，通过耦合一维管网模型与二维地表径流模型模拟预测城市内涝情况发生概率、淹没范围和深度。模型的构建需要大量数据支持，包括地形数据、水文数据、气象数据等。若在前述南方城市的市辖区内建立一二维耦合水动力模型，预计形成的模型网格数量为235万个，模型中的雨水管段数量为1.4万段、河道断面数量为2500个，模型中众多的组件和变量决定了其计算过程十分复杂，势必消耗大量计算资源。根据经验，该模型的运算时长至少为30min，并且在处理大区域或复杂地形条件等特殊情况时，模型计算结果的准确性和可靠性仍会受到影响。因此，在应用水文水动力模型指导实际内涝防控工作时，必须充分考虑模型模拟精度、计算结果准确度以及计算效率的局限性，充分发挥模型技术的潜能，见图 4.3-2（c）。

对于城市水系统的运营管理者而言，如果说在内涝防控时须同时考虑气象预报的动态变化、监测预警系统回传的海量感知数据、水文水动力模型模拟的淹没进程、大量等待调配的作业班组、防汛物资、车船装备和泵闸站设施……已经足够棘手，那么真实情况往往更加盘根错节、千头万绪。首先，城市水系统常因行政管辖权限原因被人为分割成多个防汛片区，不同片区内可调动的设施设备和人员物资种类、数量各异，并且很可能分属住建、城管、水利等多个管理部门；其次，我国南方地区的许多城市水网错综复杂，水系统通过雨污水管网、河湖水系等多种形式内在连通，为控制涝情，制定方案须兼顾上下游和邻近片区；最后，城市内涝防控工作还会受到管理范围以外的因素影响。因此，即便是经验丰富的技术专家恐怕也难以依靠个人智慧独自完成汛期调度指挥工作，当遭遇伴随着全球气候变化而来的愈发频繁的强降雨时，许多城市水系统运营管理者更是感到无所适从，见图 4.3-2（d）。

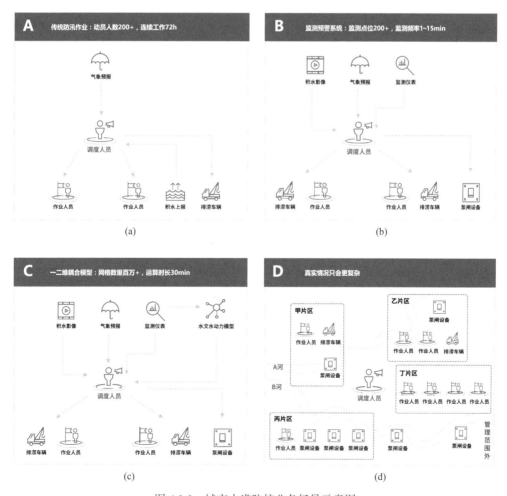

图 4.3-2　城市内涝防控业务场景示意图

针对如此纷繁复杂的业务场景，如果不能充分、深入地收集并分析需求，全面、科学地设计业务模型，恐怕难以支撑一个行之有效的内涝防控平台的研制。这或许也是很多城市已纷纷建设内涝防控平台，但取得成效参差不齐的原因之一。据不完全统计，我国已建成的内涝防控平台中大部分仍以在线监测数据采集与展示功能为主，对应急防汛实际管理与一线作业的支撑较为薄弱。

通过上述分析不难看出，在城市水系统智慧运营平台建设过程中及时进行业务建模，可发挥以下作用：

（1）在信息化系统研制初期，通过大范围市场调研和业务人员访谈深入理解具体场景的真实需求和期望，归集、梳理、筛选调研对象的反馈以识别信息化系统研制的方向和侧重点，充分考虑技术的成熟度、兼容性、性能和成本，根据系统定位选择匹配的技术栈和工具集，建立相对稳固的业务和技术框架，力求在敏捷开发的同时减少后期变更，有效提高系统的通用性、灵活性和扩展性，为系统长期迭代奠定坚实基础。

（2）业务建模时，调研、梳理和理解业务的成果需要以框架图、流程图、技术标准、数据表单等具象形式呈现，使用框架图展示业务的宏观结构、主/次模块之间层级和关联关系，使用流程图描述业务的实施程序、主体步骤和决策点，制定技术标准规范有关操作的方法、参数和技术要求，以表单形式明确业务过程中的数据规则，采用这些具象的成果形式确保研发各环节统一理解、对齐目标，切实促进团队协作和开发效率提升。

（3）通过查阅文献、实地考察、一线走访、专家咨询和对标分析等多种形式，梳理业务脉络，理清逻辑架构，深刻理解业务的本质内涵，探究业务核心价值和内在驱动力，形成系统完善的知识体系，促使研发团队成为领域专家，进而在信息化系统研制过程中能够灵活运用业务知识处理实际问题、制定切实可行的解决方案。

（4）在业务建模过程中全面审视现有组织架构、人员分工、沟通机制和业务流程的痛点，积极寻找流程优化的机会和方法，最大化利用先进技术，精简非必要步骤和环节，减少资源消耗和冗余投入，探索全新业务模式，利用信息技术手段赋能一线，以颠覆式创新为行业带来数字化变革。

4.3.3　业务建模方法

4.3.3.1　业务建模实施路径

业务建模无须过于纠结某个方法论，关键是充分理解业务需求，设计有效的流程，并确保模型能够被实际应用。业务建模，可大致划分为目标定义、业务分析和模型描述三个阶段，见图 4.3-3。

图 4.3-3　业务建模实施路径

目标定义阶段，分析业务应用场景，确定核心活动，通过查阅文献资料、咨询领域专家了解行业标准和最佳实践，通过调研不同层面使用者的需求和期望明确建模目的和范围，定义系统研制的短期和长期目标。

业务分析阶段，梳理组织的管理架构、权责分工，通过实地观察和一线访谈，了解业务运作的真实环境和流程，掌握信息化系统使用者的工作习惯，分析同类系统的设计思路和功能配置，最终确定本次研发的具体业务流程和主要交互方式。

模型描述阶段，在目标定义和业务分析的基础上，构建数据流图、实体关系图等业务模型，详细描述各项业务活动的操作方法及其涉及的计算规则和数据结构，评估现有技术和资源的可行性，初步选定技术架构。业务建模的成果，包括各类框架图、流程图、技术说明文档、表单模板和数据标准等。

实践当中，往往因业务模型涉及的领域知识庞杂、流程架构复杂、数据关系繁杂等原因，建模工作无法一蹴而就，需要研发团队通盘把握模型框架，然后逐步深入各个细节中去优化完善，最终完成模型整体搭建。因此在工作启动时应制定合理的实施计划，确保建模过程能够有序进行，并达到预期效果。

如果把信息化系统研发单纯理解为"甲方提需求、乙方来实施"，结果通常不如人意。对业务深刻理解是系统研制成功的关键因素，因此业务建模工作需要由兼备丰富运营实践经验和信息化思维的业务设计师承担，通过不断地"抽丝剥茧"与"聚沙成塔"，构建一副清晰、准确、全面的业务拼图。在没有专人承担上述岗位的研发团队中，可由行业专家、需求分析师和产品经理共同完成业务建模工作。

4.3.3.2　业务模型中的关键要素

业务模型中的关键要素，包括对象、动作、步骤、规则、角色和数据等。

（1）对象，又可分为实施主体和作业对象，实施主体即负责执行、推动或管理特定业务过程、项目或活动的组织或个人，例如运营公司中的某个班组或成员；而作业对象是指业务过程中被处理、操作或影响的具体事物、实体或数据，例如排水系统内的泵闸，外勤作业所使用的车船等。

（2）动作，是业务执行过程中的具体操作或行为，并且这些动作通常与业务逻辑紧密相关，甚至对业务目标的实现起到决定性作用，例如闸门"开启"或"关闭"，防汛抢险时现场值守人员"上报"降雨态势和积水变化，防汛物资调度的"申请"和"审批"等。

（3）步骤，体现了业务的详细流程，它描述了从开始到结束，执行特定任务所需的工作程序，例如调度人员应先查询软件中展示的实时液位数据，判断水位达到或超过警戒阈值后，派遣人员前往闸门现场实地查看周边环境，评估安全隐患，确认安全后方可下达水闸泄洪指令。

（4）规则，是业务模型中用于指导决策的原则或标准，它可以是基于条件的逻辑规则，也可以是固定的业务规则，制定规则的目的是确保业务过程的合规性和一致性。例如，当上游水位达到某一数值即开启闸门，上游闸门关闭 10min 后关闭下游闸门。

（5）角色，代表了参与业务过程的不同人员或实体，他们各自拥有不同的职责和权限。通过明确角色，可以确保业务过程中的责任分配和协作效率。在内涝防控工作中，往往存在监督者、管理者、执行者等不同角色，其权限还可根据组织进一步细分，例如防汛片区 A 的班组长，防汛片区 B 的值守人员，公司总部的调度人员等。

（6）数据，包括输入数据、处理数据和输出数据，用于支持业务决策、记录业务结果并与其他系统或利益相关者进行交互。数据是业务模型中的核心要素之一，它贯穿整个业务过程。应规范业务模型中数据的名称、格式、单位、数值区间、数据来源和采集方式等。

4.3.3.3 业务建模的误区

业务建模是信息化系统研制过程中旨在深入理解业务、优化流程、提升效率的重要步骤，但在实践中往往存在一些误区，导致模型失真、项目延期、成本超支甚至研制失败。现将业务建模的误区归纳如下：

1. 将业务建模等同于获取需求

实际上，需求是建模的输入，建模是辅助更好地梳理和补齐需求的过程。建模不仅仅是获取需求，更是对业务逻辑、流程、数据关系等进行深入分析和理解，以确保系统能够满足业务的需求。

2. 将业务建模等同于写文档

这一误区导致了许多研发人员错误地认为建模是将时间浪费在"无用的"文档编写上，从而忽视了建模在系统设计、开发和维护中的重要作用。事实上，"模型"与"文档"在概念上是不同的。模型是对现实世界的抽象表示，可以是框架图、流程图甚至统一建模语言（Unified Modeling Language，UML）图等多种形式，而不一定非要写成文档。

3. 忽视领域知识的重要性

城市水系统运营业务模型往往涉及跨学科、多领域知识，忽视这些领域知识的重要性，可能导致模型无法准确反映实际业务情况，从而影响系统建设质量。

4. 只有本领域专家才能做好业务建模

虽然领域专家的经验和知识对于业务建模至关重要，但方法论同样重要，甚至在某些情况下可能更为关键。前文所述的业务建模实施路径，提供了一套系统化和结构化的方法来指导建模的过程，确保模型的准确性和一致性。对于缺少业务经验的建模人员来说，通过大量访谈、踏勘、调研等方式可弥补经验的欠缺，只要遵循适当方法也能够有效地开展业务建模工作。

5. 从开始阶段就试图考虑到所有细节

这种观念往往源于二十世纪七八十年代的软件开发实践，当时许多产品经理都受此影响，试图在编码开始前就"冻结"所有需求。这样会导致在项目前期投入大量时间去对所有细节建模，从而延误了项目总体进度。

6. 缺乏迭代和反馈

有的软件开发时，忽略了业务建模需要不断地与业务专家、利益相关者等进行沟通和反馈。缺乏迭代和反馈可能导致模型与实际业务情况脱节，无法真正满足需求。

7. 过分依赖工具和技术

建模工具和技术确实可以提高建模的效率和准确性，但只是辅助手段，它们不能替代建模人员的思考和判断。过分依赖它们可能导致忽视了对业务本身的深入理解和分析。

为了避免这些误区，业务建模团队需要深入理解业务需求、关注领域知识、合理使用建模工具、保持迭代和反馈，同时应加强团队成员间的沟通合作，确保模型能够准确反映实际业务情况并满足使用需求。

4.3.4　业务建模实例

在第 4.3.2 节对城市内涝防控业务场景初步分析的基础上，简要介绍业务建模的实施方式。

显然，内涝防控是一个基于海量数据输入和诸多边界条件进行模糊决策的过程。本书第 3.5 节已经总结了城市内涝防控的业务模式和实施流程，可以进一步按照对象、资源、分析方法、规则与指令、数据、执行与评估的维度提炼业务要件，见图 4.3-4。

内涝防控时涉及的对象，包括作业对象和管理单元。识别作业对象，既需要考虑城市水系统内排水管网、泵站、污水厂、闸站、河道等各类设施设备资产实体，也应当将城市水系统中各项资产的内在连接关系和拓扑结构纳入分析范畴。防汛作业的管理单元设置规则通常因地制宜，可按汇水分区划分，也可按行政区划设界，并且管理单元的数量和规模也与当地的地形特性、水文条件、城市发展水平和治理能力等因素相关。

图 4.3-4   城市内涝防控业务模型要件

内涝防控涉及的资源，包括业务开展所需的各类物资，如耗材、工器具、机械设备、作业车辆和船舶和仪器仪表等。

围绕业务目标，选取适用的分析方法进行目标分解和策略制定。在条件允许的情况下，可以运用模型模拟支撑调度方案设计。模型模拟的方法，分为单点趋势预测和综合分析两类。对于单个积水点，可根据其历史积水规律以及当前点位的实时监测数据和报警信息，预测点位及周边区域的积水趋势。如果按照特定降雨量和降雨历时设定降雨情景，运用水文水动力模型模拟各类情景下的积水时长和范围，划定积水点位的风险等级，就可以结合当前降雨情况预判积水点位的演变趋势。进一步地，运用模型模拟各类泵闸站工况组合在不同降雨情景下对辖区内涝情减缓的贡献，可以寻找多个约束条件下的处置策略。无论是单点趋势预测还是综合分析，都需要结合最新的观测结果持续率定模型分析的参数。

调度规则和指令，已在本书第 3.5 节有较为详细的介绍。调度规则，可按情景调度和应急调度细分，两者存在较为显著的差异。情景调度是一种预案式的调度形式，基于预先设定的情景来制定调度规则。它需要预设各种可能发生的情景，并为每个情景设定对应的优先级、触发条件以及要求的处理时效，在实际操作中将现状与预设情景比对，判断哪个情景的调度规则应该生效。而应急调度主要针对突发的、不可预测的事件，如自然灾害或事故等。由于不同类型的突发事件需要不同的处置方式，因此内涝防控需要设置差异化的处置流程和时效要求，调度人员需要具备高度的灵活性和应变能力以快速处理各类突发情况。城市水系统运营管理者可尝试将情景调度与应急调度相结合，以提高应对效率、优化资源配置、降低风险损失。

指令，除了按照是否有固定任务内容或是否有开始/完成条件划分外，按照任务派发的对象还可以分为自控指令和人员指令两大类。自控指令，用于控制具备自控条件的设施设备，需明确要控制的对象，并指定其需要执行的操作，如启动、停止、调整参数等。如果需要设施设备在特定时间执行操作，或按一定周期循环操作，需明确这些时间要求。而人员指令主要用于指导作业人员执行任务。为确保作业人员能够高效、准确地完成任务，指令中需要明确作业对象、作业地点、任务需配备的资源，任务的开始时刻及处理时限等要素。多个指令组合形成指令集，指令集可根据不同管理需求进行设置，以实现特定的操作或功能。当涉及部分就地控制的设备时，可能需要通过派送人员指令的形式进行启闭操作。

数据，是防汛调度决策的重要依据。通过数据触发调度方案是防汛调度的一种重要模式。涉及的数据类型可按照来源划分为气象数据、监测数据、设备运行状态、历史积水点位以及人工上报的积水信息等。气象数据，包括降水情况（含气象预警）、气温、风速、风力、风向等；监测数据，包括液位、流速、流量、视频影像等；设备运行状态，包括开启、关闭、开度等；人工上报的积水信息还可细分为巡查人员上报，或者公众通过热线上报等不同类型。

在实际防汛调度中，以数据输入为基础，科学选取分析方法，明确调度对象和规则并编写指令后，就进入了调度任务执行的关键环节。应及时获取指令执行的进展和结果，跟踪比较调度方案的执行效果，总结历史经验、分析挖掘数据价值，持续迭代优化调度策略，提高排水防涝工作成效。

在梳理城市内涝防控业务模型要件的基础上，通过总结各业务要素的隶属关系、操作流程、交互方式、数据结构等，对防汛调度业务模型进行细化描述（图 4.3-5），描述内容包括应采集和展示的主要数据类别，应配置的控制规则和关联关系，应绘制的空间区域和系统结构，需要运算的分析模型，需要审核的作业流程等，对后续软件架构和功能设计具有极为重要的指导意义。

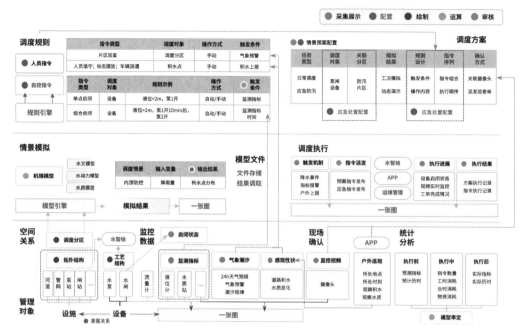

图 4.3-5   城市内涝防控业务模型描述

4.4   建设内容

智慧运营平台根据业务体系开展功能建设,核心功能包括资产管理、运维管理、监测中心、调度中心、经营管控、绩效考核、决策中心、移动应用等,并通过数据中心对相关数据进行统一存储、治理与应用。

4.4.1   资产管理系统

作为智慧运营平台的核心基础模块,资产管理系统对资产"采、存、通、管、用、评"各环节的数据进行采集和治理,构建精简高效的资产采集业务流程,运用高精度空间信息采集技术,自动校核数据准确度与拓扑关系,展示和管理城市水系统资产全生命周期的静动态信息。资产管理系统宜具备的核心功能如下:

(1)资产数据高精度采集。利用数据模板和移动应用便捷盘点资产,内置算法自动校核数据,审核与评价资产盘点数据质量。

(2)资产数据多维度查询与展示。通过地图和列表等不同视窗,分类分层展示城市水系统资产类型、空间位置、拓扑关系、现场影像、属性与技术信息等(图 4.4-1),支持以空间距离和自定义字段灵活检索资产,并可将搜索结果在地图上联动展示。跟踪设施设备全生命周期履历,既可展示资产属性、技术等静态信息,也支持其运行状态、运维记录、评估结果等数据接入及查询。

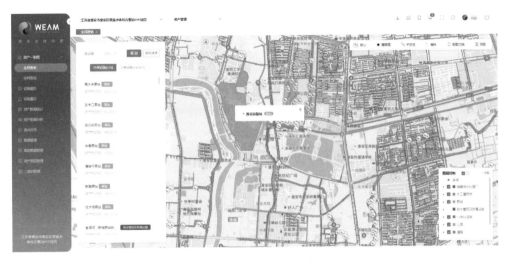

图 4.4-1 资产一张图页面

（3）资产数据多视角统计分析。支持对全量资产数据进行多视角统计，并就排水管网等特定类别资产开展拓扑分析、横断面分析、纵断面分析、上下游溯源、缺陷统计与展示等深入分析，见图 4.4-2。

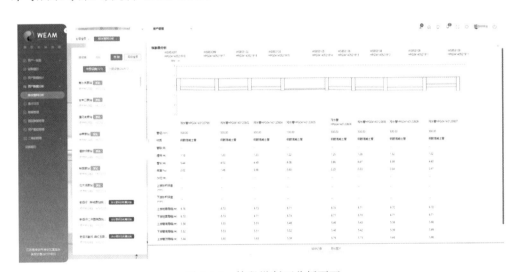

图 4.4-2 管段纵断面分析页面

（4）资产分类及信息采集项配置。支持配置资产分类，关联其类型代码、空间要素类型、信息采集字段。

4.4.2 运维管理系统

运维管理系统以运营技术标准体系为支撑，集成技术标准、固化业务流程，通过制定计划、工单派发与跟踪、统计分析运维数据和资源消耗等功能，实现城市水系资产运维全流程数字化管理，提升运维管理工作质量和效率。运维管理系统宜具备的核心功能如下：

（1）运维计划、工单及事件管理。工单是运维业务中人、事、物间最重要的纽带，也是管理人员发布任务和作业人员执行任务的凭据，平台应涵盖巡检、养护、检测、维修、其他等各种类型工单，并且可设置计划、自动派发周期性的工单任务，汇聚巡检发现的问题、监测中心推送的报警等以及主管部门的要求、居民的投诉等事件，派发工单处理，以列表、日历或地图等多视图形式展示工单、计划和事件详情，统计分析特定周期内运维任务数据，见图 4.4-3。

（2）运维人员、车辆管理及展示。实时显示人员、车辆位置以及进行中的工单和事件（图 4.4-4），管理运维人员排班、交接班和考勤，管理作业领用记录、行驶路线，可以让管理者直观地掌握项目当前运维工作进展情况。

图 4.4-3　运维管理系统事件详情页面

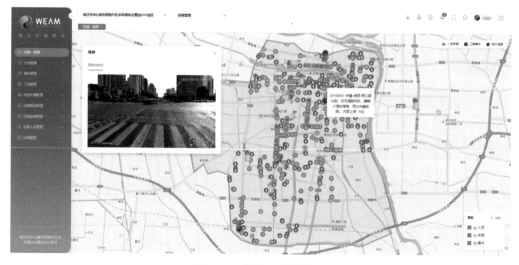

图 4.4-4　运维一张图页面

（3）运维作业场景及标准配置。支持关联作业场景适用的资产类型和技术标准，设置作业记录项及问题标准。

4.4.3　监测中心系统

以监测分析技术体系为支撑，通过云边协同部署，全面汇聚水质、水文、气象、视频监控等时空感知数据和设备运行信息，提供可自定义配置的多维图表统计分析时空感知数据，集数据采集、分析、预警和展示于一体。监测中心系统宜具备的核心功能如下：

（1）多源数据汇聚展示。可视化展示项目整体监测指标及监测点位空间分布，并查看监测设备在线状态、监测指标数据、报警信息、视频监控等，实现水系统实时运行状况全面感知，并汇聚手工检测数据。通过趋势线、数据图等形式展示关键数据变化趋势、设备在线情况、数据和设备报警情况等，见图4.4-5。

图 4.4-5　监测总览页面

（2）多源数据统计分析。通过监测数据管理功能，对各个监测点位的实时和历史数据进行查询和查看，并计算日均值和月均值、分析变化趋势。针对同一类型的指标进行多个设备数据对比分析，展示同一时段下的数据变化趋势；针对同一设备的监测数据进行不同时段的对比分析，展示某一监测点位数据在不同时段的趋势变化情况，见图4.4-6。

（3）监测设备、指标和标准配置。支持监测对象设置、监测指标定义、报警阈值和指标计算规则配置。

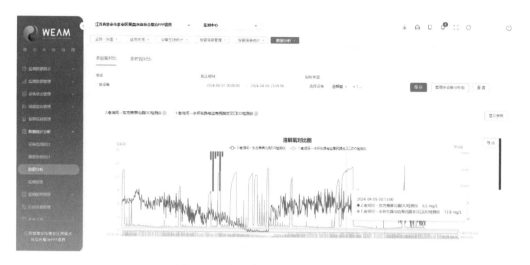

图 4.4-6　多设备数据对比分析页面

4.4.4　调度中心系统

以多源数据集成、模拟分析、规则控制、方案匹配构建智慧调度的核心支撑，集成设施设备实时调控、任务指令精确派发，系统方案高效执行三面板，形成集降低内涝灾害风险、保障水环境质量等多目标于一体的调度中心。使用调度一张图实时展示降雨和积水情况、远控设备状态及相关监测指标（图 4.4-7），调度指令管理和调度方案配置功能支持结构化指令构建、系统化方案集成，耦合展示模型分析结果，统计历史事件（图 4.4-8）和调度数据，实现各调度场景的全过程处理、管理人员与现场作业人员的指令联动。

图 4.4-7　调度一张图页面

图 4.4-8　降水事件详情页面

4.4.5　经营管控系统

基于多层级管理需求，建成集运营看板、经营数据管理、成本支出管理、仓储物资管理、人员档案及考核管理为一体的经营管控系统，可对物资进行盘点、入库、调库、出库等操作，跟踪运维作业过程中的物资消耗（图 4.4-9），统计分析收入成本、运营成效等多维度经营数据，并支持统计图表样式自定义配置。

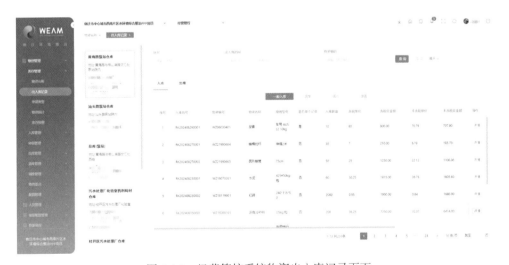

图 4.4-9　经营管控系统物资出入库记录页面

4.4.6　绩效考核系统

集成在线监测数据、运维管理数据和第三方上报多维数据，形成集指标配置、考核评分、报告生成、统计分析等绩效管理全链条功能的绩效考核系统，实现绩效考核方案制定、执行、分析、反馈全流程数字化，见图 4.4-10。

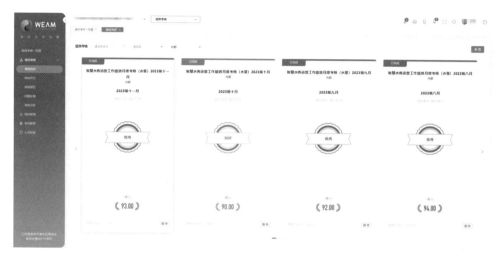

图 4.4-10 绩效考核一张图页面

4.4.7 决策中心系统

建设"经验决策-数据决策-智能决策"三位一体的决策中心,通过知识库和大模型知识问答等功能(图 4.4-11),有效提高业务专业知识获取效率,为传统决策提供支持,通过资产风险评估算法(图 4.4-12)、污水厂工艺调控建模计算等为"源-网-厂-河"运营智能决策奠定基础。

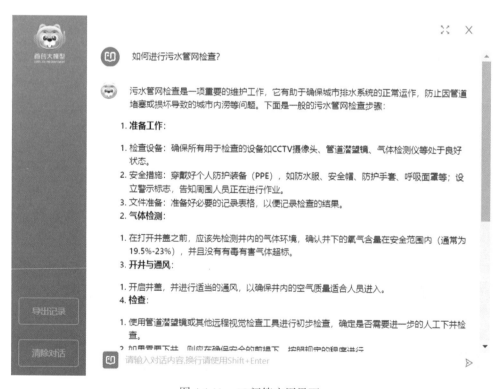

图 4.4-11 AI 问答应用界面

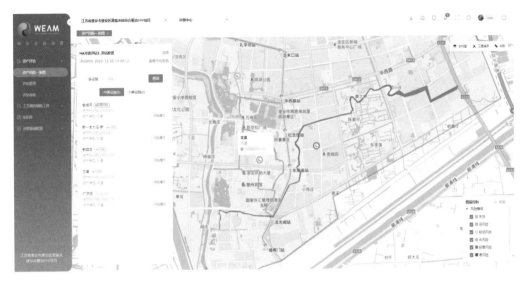

图 4.4-12 资产评估一张图页面

4.4.8 平台驾驶舱

平台驾驶舱从资产管理、运维管理、监测中心等子系统获取数据，融合三维全息管网信息模型、高精度遥感数据、倾斜摄影、虚拟现实等先进技术，构建真实世界的孪生场景，以运营资产、运营效率、运营效果等多维度展示城市水系统运营情况，为管理提供有形的缰绳。针对污水厂、排水管网、河道等不同资产类型，设置专题展示页面，呈现各业态综合运营状态，见图 4.4-13、图 4.4-14。

图 4.4-13 平台驾驶舱-污水厂专题视图

图 4.4-14   平台驾驶舱-河道专题视图

4.4.9   数据中心

基于城市水系统各业务场景和应用需求，确定数据来源和采集范围，按照数据标准和操作规范整合数据，统一规划、组织、管理和存储数据资源，提供数据服务，探索数据深度利用方向，数据中心建设路线如图 4.4-15 所示。以实时 IoT 数据为例，通常城市水系统项目级智慧运营平台的 IoT 日增数据量可达百万级，可利用 Seatunnel 组件将 ElasticSearch 中的数据同步到分布式数据库 GreenPlum 中，实现不同时间和计算维度的派生指标快速运算生成，节约系统资源占用，保障在线监测数据分析的运算效率和结果稳定性。

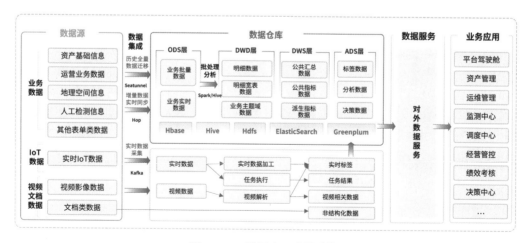

图 4.4-15   数据中心建设路线

高质量数据中心的建设为数据应用和价值挖掘奠定坚实基础，支撑大数据、大模型等技术在城市水系统功能结构与运行状态诊断、流量预测与调配、城镇污水厂工艺优化调控、地表水环境污染溯源分析、资产全生命周期运维成本分析与优化等"源-网-厂-河"运营管控场景发挥技术优势，赋能城市水系统智慧运营。数据中心应用价值如图 4.4-16 所示。

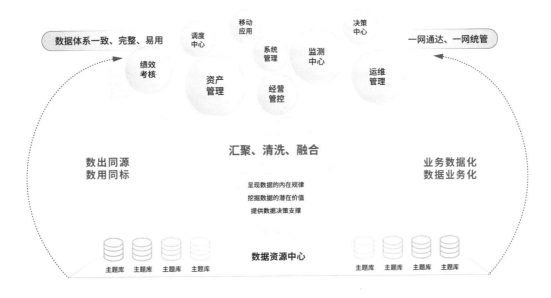

图 4.4-16　数据中心应用价值

第5章

宿迁市西南片区
项目实践

PROJECT PRACTICE IN THE
SOUTHWEST AREA OF
SUQIAN CITY

05

PROJECT PRACTICE IN THE SOUTHWEST
AREA OF SUQIAN CITY

宿迁市西南片区
项目实践

5.1　项目概况

宿迁市简称宿，位于江苏省北部，介于北纬 33°8′～34°25′，东经 117°56′～119°10′之间。全市总面积 8555km²，其中陆地面积占 77.6%。宿迁市东距淮安市 100km，西邻徐州市 117km，北离连云港市 120km，南与安徽省搭界，是通往豫、皖、鲁及苏南地区的交通要道。宿迁市处于陇海经济带、沿海经济带、沿江经济带交叉辐射区，同时又是这三大经济带的组成部分。

宿迁历史悠久、文化繁荣，古称下相、宿豫、钟吾，是西楚霸王项羽的故乡，有着 5000 多年的文明史和 2700 多年的建城史，素有"华夏文明之脉、江苏文明之根、楚汉文化之魂"之称。宿迁也是江淮生态大走廊的重要节点，南水北调东线重要通道，坐拥骆马湖、洪泽湖两大淡水湖，大运河、古黄河、淮沭新河等众多河流穿境而过，水系发达，素有"洪水走廊"之称。乾隆皇帝六下江南五次驻跸于此，赞叹宿迁为"第一江山春好处"，是著名的生态水景酒都之乡，宿迁古黄河双塔公园见图 5.1-1。

图 5.1-1　宿迁古黄河双塔公园

西南片区位于宿迁市中心城市西南部，是全市的政治中心、文化中心、经济中心，区域内有宿城区、苏宿园区和宿迁经济开发区三大行政区。近年来，宿迁市围绕贯彻新发展理念，主动调适引领新常态，经济保持快速发展的良好势头，并成功摘得全国文明城市、中国人居环境奖城市、国家卫生城市、国家节水型城市等一大批桂冠。

西民便河淌于区域中央，流域内 26 条河道纵横交错。历史上因控源截污不彻底、面源内源污染无法有效控制、生态基流无法有效保障等原因，导致部分河道出现黑臭现象。2016 年以来开展了多项黑臭河道整治工程，流域内河道已基本消除黑臭现象。在此背景下，2020 年宿迁市委、市政府决定启动西南片区水环境综合整治 PPP 项目，进一步优化提升水环境质量，实现西南片区水环境的"长治久清"。项目实施范围为宿迁市中心城市西南片区，东至古黄河，西至西沙河、朱海，南至徐淮高速，北至古黄河，总面积 235km²，是一个相对完整的大排水分区，主要运营区域为 90km² 的建成区。

项目以"构建控源截污体系，提升水环境治理，完善城镇水处理设施功能，改善居民生活休闲品质"的目标导向和"运营中发现问题整改问题"的问题导向，从河道水系和排水两大系统着手，通过全面排查、分析，查找现状存在问题，从"水安全、水环境、水生态、水资源、水智慧"五个维度进行系统化治理，践行"全域规划、全域设计、全域配套、全域修复、全域清流"的水环境治理五全理念。项目以排水系统"源-网-厂-河"一体化理念，对区域内总计 235km²，1000 多千米管网、200 多千米河道的运营进行接管，以存量项目运营带动增量项目治理，提高排水管网能级，补齐城镇污水收集管网短板，同时控制河道污染源，最终实现标本兼治。这对于水环境系统治理能力、运营维护能力均颇具挑战，是改变传统项目重建设轻运营管理的模式，构建环境综合治理能力的标杆项目，真正考验了企业综合实力。

项目采用 DBOT + OM 运作模式，合作周期设为 20 年，包括 3 年建设期。投资估算总额为 303384 万元，涵盖控源截污、防洪排涝、活水保质、生态治理、再生水回用、CCTV 检测及智慧水务七大类工程。具体内容为新建排水管网 170km、污水泵站 1 座、排涝泵站 2 座、再生水管网 40.3km，闸坝 27 座，新建联通河道 37.24km，生态湿地 60.19hm²，污水处理厂 1 座（一期 5 万 m³/d，二期 10 万 m³/d）以及智慧运营平台。同时项目也承担了存量资产的运营维护，具体包括片区范围内 1000 余千米雨污水管网、14 座污水泵站、13 座排涝泵站、18.8km 再生水管网，16 座闸坝，24 条主要河道共计 209km。项目整体运营范围如图 5.1-2 所示，其中存量资产和增量资产的关系如图 5.1-3 所示。

图 5.1-2　项目运营范围

图 5.1-3 存量资产和增量资产的关系

如前文所述，宿迁项目通过存量设施与新建工程联动，一方面以目标为导向开展工程建设；另一方面以问题为导向持续进行运营改造，通过不断优化系统治理方案综合提升西南片区整体的水环境质量。同时依托智慧运营平台，打造智慧运营的专业团队，以确保水环境的长期稳定和持续改善，见图 5.1-4。

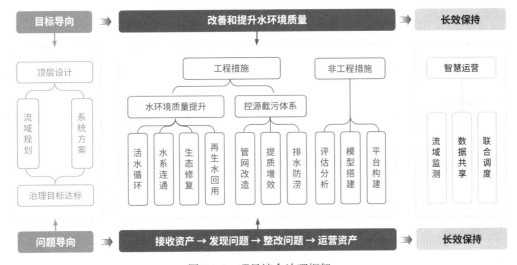

图 5.1-4 项目综合治理框架

这种治理思路强调了多方协同、系统建设和全生命周期的持续运营改造的重要性，打破重建设轻运营的行业现状，促使城市水系统治理从一次性的建设投资向实现长期效益最大化的转变。一方面通过运营管理及时发现问题并采取措施，确保项目在运营维护阶段获得持续的关注和必要的资金支持，减少了问题累积导致的高昂修复成本，促进资源的有效配置；另一方面也促进了项目的可持续发展，通过不断改进和优化，提升了设施的使用寿命和服务质量。

宿迁市西南片区水环境综合整治 PPP 项目的创新模式不仅对宿迁市水环境的保护有着广泛的影响，也为其他城市提供了可借鉴的经验。随着社会对可持续发展和资源优化配置的要求日益增高，城市水系统综合治理必须更加注重长远效益，而非短期的建设成果，这种重视持续管理与运营的新模式无疑是未来发展的必然趋势。

5.2 运营目标

本项目综合考虑城市水系统资产运行效果与全生命周期运营成本投入，基于前述的以资产为核心的各大业务体系建设，探索在投入最少资源的条件下，实现城市水系统资产良好运行、环境绩效稳定达标、运营效率最优等多重目标。同时，建立运营数据动态更新反馈机制，通过资产评估支持分级运维策略，在运维过程中快速发现问题、处理问题，同步收集工时投入和资源消耗数据，统计分析全生命周期成本，并及时调整运营策略，动态耦合求解。

5.2.1 绩效产出目标

项目绩效产出目标的达成直接影响绩效考核得分，进而影响政府付费和项目的可持续经营。遵照江苏省在水环境治理、污水处理提升等领域相关政策要求，宿迁项目绩效产出目标体系围绕水环境、水生态、水安全、水智慧等方面设置，其主要考察维度运营资产和运营效果指标（参见本书第 3.6 节），指标权重占比 91%，此外设置管理类指标对运维过程中动作的规范性、记录的真实性、机构设置合理性、技术保障全面性等进行考察，指标权重占比 9%。指标体系中的权重分配，充分体现了宿迁项目以效果为导向的管理要求。

项目绩效产出目标体系包含多个层级，见图 5.2-1。其中，二级指标根据资产类型划分为河道类、管网类、泵站类、污水处理厂等考核指标。因宿迁项目范围内水系统要素齐全、系统性强，因此二级指标及细分的三级指标之间具备很强的关联性。各子系统的运营成效互相联动，综合反映大型系统整体运营成效。例如，河道类指标中的核心指标为河道水环境质量，其考核达标的前提是水质目标体系中管网、泵站和污水处理厂等的出水水质指标考核达标；管网、泵站、污水处理厂等的进水水质达标，才可说明宿迁项目西南片区污水收集率处于较高水平，外水入侵现象得到有效控制；管网的"混错接消除"指标表征了水系统是否存在混接污水入河或雨天大量溢流污染的情况，因此该指标考核达标是河道水环境质量达标的重要前提。

项目对排水管网、污水处理厂、再生水厂和河道均设置了水质考核指标，对水系统开展全过程水质考核，指标权重累计占比高达 23%，可见水质考核压力巨大；除了水质、水量等运营效果指标外，宿迁项目绩效产出目标体系也对运维作业过程提出要求，设置了管网巡查、疏通养护和检测的频次要求等考核指标，以常态化监督管控项目规范化运行；设置河道工程管理指标等，督促项目保持河道岸线完好、快速发现问题并及时修复，支撑水安全目标实现；考核中还特别明确了需要具有完整的河道、水闸、泵站等设施运行调度方案，包括但不限于基本情况、调度方案、调度原则、水质监测、应对特殊情况的调度方案及应急处置措施等,充分体现了项目践行"源-网-厂-河"系统化管理的决心。

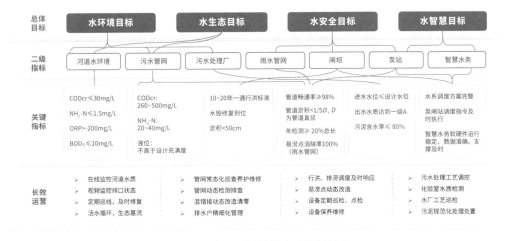

图 5.2-1　宿迁项目绩效产出目标体系

宿迁项目绩效产出体系中共含 54 项考核指标,考核内容众多;并且各项指标权重分配比较均匀,百分制下 30 项考核指标权重位于 0.5~1 分区间,14 项考核指标权重位于 1.5~2 分区间,只有河道检测水质 1 项指标权重大于 4 分。面对庞杂繁重的考核指标,本项目利用智慧运营平台快捷跟踪各项指标的达成情况,提高核查效率。根据需要以年、月、日等作为统计周期,按照片区或资产对象,统计考核指标均值和极值及其环比变化、同比变化,准确识别项目绩效产出的薄弱环节。宿迁项目排水管网多站点水质年报表如图 5.2-2 所示。

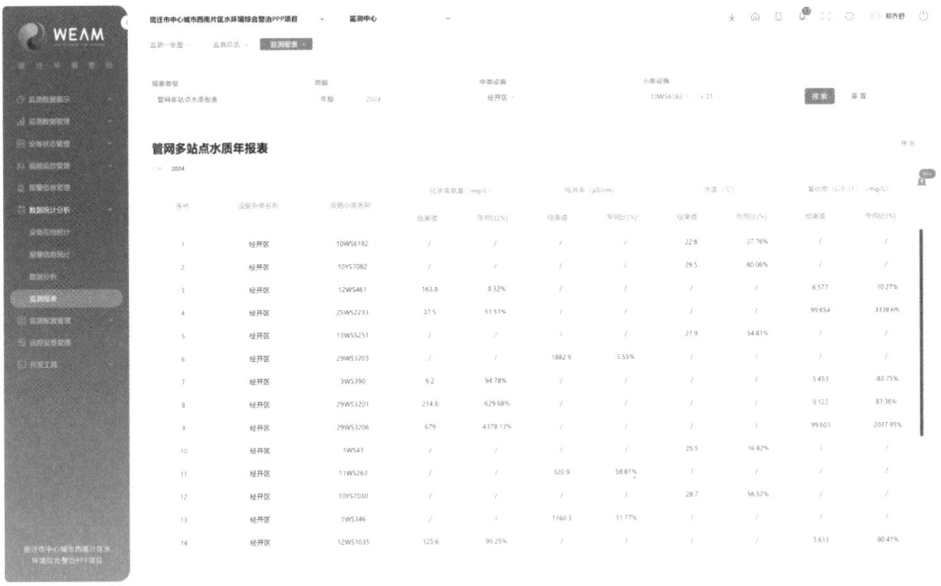

图 5.2-2　宿迁项目排水管网多站点水质年报表示例

5.2.2 运营效率目标

项目运营效率目标，是项目公司从自身经营管理出发设置的目标体系，除了环境绩效外，还需考虑项目运营全过程效率和管理绩效（参见本书第3.6节）。如前文所述，以最少资源投入提供高质量服务、以最小代价实现环境治理效果长效保持，是运营企业的奋斗方向。因此还应密切关注项目的运营效率目标，采取措施优化运营过程，降低资源能耗，提高人效比。

按照本书第3.6节所述的组织优化方法，宿迁项目设计了相应组织架构，并针对各业务单元构建运营效率目标体系。运营效率目标主要用于内部管控，衡量的是组织执行业务流程的效率，同时需要承接组织所管理资产的产出目标，以确保系列运营工作能够牵引系统治理目标达成。

以排水管网运维为例展示宿迁项目运营效率目标的设计思路，见图5.2-3。排水管网运营的核心目标是保障管道内水质、液位以及整体通畅率达标，并且在汛期及时响应排水防涝等应急需求。为达到排水管网整体运营效果，日常运维过程中班组需开展外部巡查、内部检查、管段井盖及雨箅等资产维修、疏通养护、清淤检测、污染溯源排查、防汛助排等一系列运维动作。通过考核上述运维动作完成的数量和效率来评价班组的运营效率，具体评价指标包括内部巡查/内部检查/维修/疏通/检测/防汛等各类型工单完成数量、消耗工时和物资数量，以及周期性计划执行率、完成工单及时率、完成工单合格率等。对按要求完成目标，甚至超额完成目标的班组，予以相应绩效奖励。

图 5.2-3　宿迁项目运营效率目标体系设计示意

本项目利用智慧运营平台便捷查看各项运维任务完成情况，多维度分析与评价一线员工的工作效能。宿迁项目运维日报和人员考核页面如图5.2-4、图5.2-5所示。

图 5.2-4　宿迁项目运维日报页面示例

图 5.2-5　宿迁项目人员考核页面示例

5.3　资产管理

5.3.1　存量资产现状摸排

本项目运营资产中，存量资产占据绝对的主体地位：存量管网占运营管网总量的 82.8%，存量泵站占运营泵站总量的 90%，存量河道占运营河道总量的 85%。运营团队需将存量雨水管网、污水管网、排涝泵站、污水泵站、引蓄水闸坝以及河道等存量资产与工程新建的资产一并运营管理，存量资产的实际状况将直接影响资产接收后项目总体运营管理效果，因此正式接收存量资产之前，应对所有资产现状开展摸排工作。

本项目接收的存量资产中，排水管网平均成新率为65%，泵站平均成新率为72%，闸站平均成新率为74%，再生水设施平均成新率为97%。

1. 排水管网接收时现状

项目范围内大部分片区已实现雨污分流，但经开区、老城区等区域仍有部分管线存在混错接情况，经开区排水管网有工业污水接入，对下游污水处理厂运行存在不利影响；部分存量管道建设年代较久远，见图5.3-1（a）；污水管网高水位运行问题较严重，见图5.3-1（b）；部分区域管网运行状态较差，内部淤积较严重，通过对有条件的管道进行视频检测，发现存量管网中存在不同程度的管道病害，功能性病害如沉积、障碍物，结构性病害如变形、错口、破裂、腐蚀、脱节、渗漏、异物穿入等，见图5.3-1（c）。

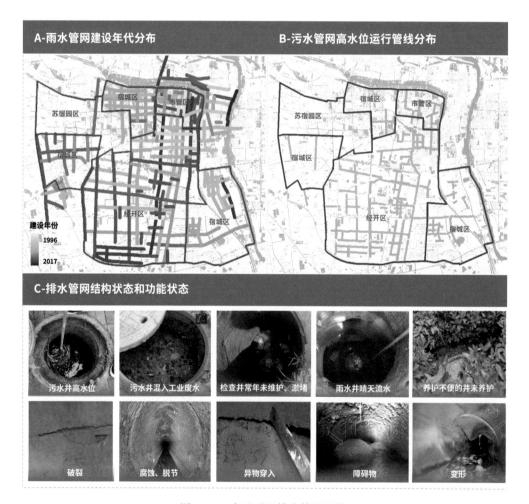

图5.3-1　宿迁项目排水管网现状

2. 泵站接收时现状

项目范围内的污水泵站已基本实现自动化控制，而排涝泵站则多采用手动方式控制，但已完成自动化改造的泵站也存在作业人员习惯手动控制的情况；由于部分管线存在雨污混接情况，排涝泵站晴天有污水流入；部分泵站管理不到位，例如汕头路污水泵站出水管道及阀门长期被污水淹没，易造成管道腐蚀、阀门锈死；部分泵站闸门、起重装置等配套设备故障或损坏，影响正常工作，见图 5.3-2。

自控未投入使用　　排涝泵站前池污水　　污水泵站出水管及阀门淹没　　配套设备故障或损坏

图 5.3-2　宿迁项目部分泵站现状

3. 河道接收时现状

项目范围内大部分河道已消除黑臭，但河道水质污染仍然较为严重，引水活水期流域内少部分河道水质较好，劣 V 类占比 68%，非引水期古黄河为 IV 类水，其他河道为 V 类或劣 V 类水。部分内河道受人为侵占、城市建设等因素影响，水系沟通不足，联动能力差，排涝标准低，排涝能力不足；也有个别河道存在观感较差或旱天有污水直排的情况。经排查发现，主要问题河道多位于管网运行状态较差路段附近，见图 5.3-3。

污水直排　　河水浑浊，底泥堆积，护坡发生水土流失　　河水量小，水质感官较差，驳岸被开垦为菜地

图 5.3-3　宿迁项目部分河道现状

5.3.2　存量资产接收

参照本书第 2.4 节制定宿迁项目存量资产接收方案。

正式接收前，先选择试点片区，按照"确立工作机制—设计接收标准—明确接收流程—编制表式模板—梳理资产清单—制定接收计划—资产状态评估—资产接收—编制接收工作报告"的顺序开展接收工作，再按照试点确定的存量资产接收制度、流程、标准和文件模板，设计存量资产逐批接收计划，实施项目全域范围内的资产接收。

以排水管网为例，项目范围内存量资产共分 5 批接收，自 2020 年 12 月起开始试点片区接收工作，至 2024 年 12 月完成全部资产的接收，资产接收工作安排如图 5.3-4 所示。接收工作按照系统性和实操性的原则开展，即以排水分区或汇水片区划分接收批次，同一批次按照资产类型先后开展接收工作。

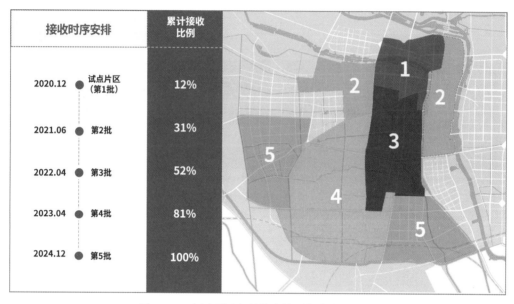

图 5.3-4   宿迁项目存量排水管网资产接收计划

存量资产接收包括制定计划、梳理资产清单、状态检查评估以及现场接收等核心工作环节，涉及资产的主管机构、产权单位、原资产养护单位、资产接收单位、第三方评估单位以及开展检查评估的支持单位等，职责划分和工作流程见图 5.3-5。

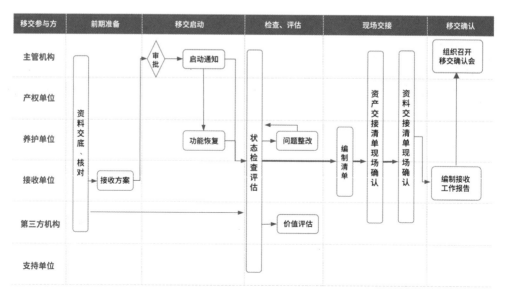

图 5.3-5   资产移交核心工作流程及分工

存量资产接收标准以项目合同、国家及行业相关标准为依据制定。达到接收标准的资产，正式移交运营；未达到接收标准的，由原运营单位整改后再次验收或划定责任边界，先行接收资产的管理权，将资产纳入更新改造计划，改造完成后投入运营。图 5.3-6 以污水管网为例展示了宿迁项目存量资产接收标准。

结构性检查，RI<1

腐蚀、变形、起伏、脱节、破裂、接口材料脱落、错口、异物穿入、渗漏、支管暗接

功能性检查，MI<1

残墙/坝根、沉积、结垢、障碍物、树概、浮渣

充满度

小型管<30%
中型管<40%
大型管<50%

淤积度

小型管<50mm
中型管<80mm
大型管<100mm

接收的未达标资产纳入更新改造   **养护达标方可接收**

图 5.3-6 宿迁项目存量资产接收标准（以污水管网为例）

如本书第 2.4 节所述，接收的主要内容包括资料和资产。接收的资料包括合约资料、设计资料、工程资料、运维资料、设备资料等，资料接收时应编制交接清单，对于核心资料应收尽收，接收后由运营团队存档管理。

以管网为例，资产接收时通过物探、QV 检测、CCTV 检测等方式开展"四位一体"排查，逐条路核对管道长度、管径、埋深，对管道及附属设施的内外部结构和功能状况进行检查和评估，见图 5.3-7。复核无误，经各方确认后签署资产交接单，见图 5.3-8。

图 5.3-7 宿迁项目存量资产接收现场复核示例

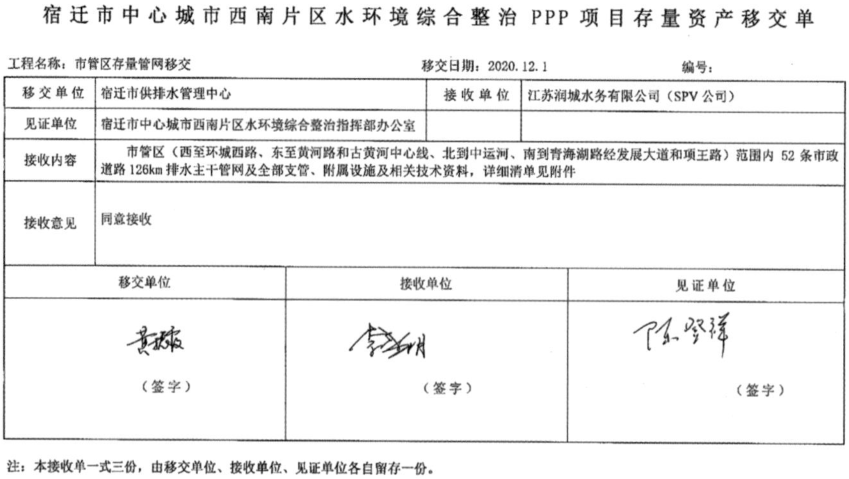

宿迁市中心城市西南片区水环境综合整治 PPP 项目存量资产移交单

工程名称: 市管区存量管网移交		移交日期: 2020.12.1		编号:
移交单位	宿迁市供排水管理中心		接收单位	江苏润城水务有限公司（SPV 公司）
见证单位	宿迁市中心城市西南片区水环境综合整治指挥部办公室			
接收内容	市管区（西至环城西路、东至黄河路和古黄河中心线、北到中运河、南到青海湖经发展大道和项王路）范围内 52 条市政道路 126km 排水主干管网及全部支管、附属设施及相关技术资料，详细清单见附件			
接收意见	同意接收			
移交单位		接收单位		见证单位
黄林玲（签字）		李亚明（签字）		陈翠祥（签字）

注: 本接收单一式三份、由移交单位、接收单位、见证单位各自留存一份。

图 5.3-8 宿迁项目资产交接清单示例

本项目遵循"运营中发现问题整改问题"的原则，针对资产接收过程中发现的问题提出解决方案，结合片区整体情况、资产状态和风险评估结果等相应制定改造计划，作为项目整体实施和系统方案有益补充，改造费用一并计入项目总投资。例如，资产接收过程中，发现太湖路（发展大道—人民大道）中一段污水管道存在严重缺陷，需进行检查井更换、部分管道非开挖修复及部分管段更新改造，以消除缺陷，避免出现道路下沉塌陷，见图 5.3-9。对于需要直接更新的管段，新建污水管道，管径为 500mm，管道埋深 3.2～3.7m。

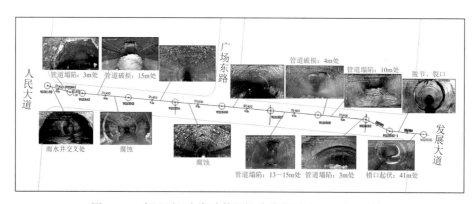

图 5.3-9 宿迁项目太湖路管网缺陷分布图（2022 年 3 月）

5.3.3 资产信息采集

本项目充分利用智慧运营平台开展存量和增量资产信息采集工作。现场盘点和探测时，利用移动应用采集排水管网、泵站等设施设备的静态信息，见图 5.3-10。对于无法通过户外作业获取的资产信息，则依托现有资料补全，建立完整、准确、规范的资产数据库。

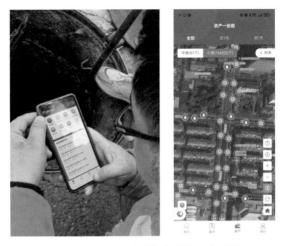

图 5.3-10　宿迁项目资产现场盘点示例

　　通常，排水管网信息采集需要提前在现场绘制井编号，由测量班组和物探班组依次作业，完成外业数据记录后将数据提交给内业数据整理团队，经 CAD 校核无误后最终入库上图，按此工作流程盘点 10km 管网约需 53 人日。本项目通过提炼资产盘点业务要点、重构流程并利用智慧运营平台实现盘点全程线上化后，可简化提前绘制井编号和 CAD 审图环节、提高测量和物探效率、节约内业数据补充与审核时间，对于同一管段同时支持先盘点起、终点井再盘点连接管段和顺序盘点起点井、连接管段和终点井两种作业方式，支持便携式 mini RTK 数据直连获取厘米级高精度空间定位，按重构后的工作流程盘点 10km 管网约需 29 人日。具体流程如图 5.3-11 所示。

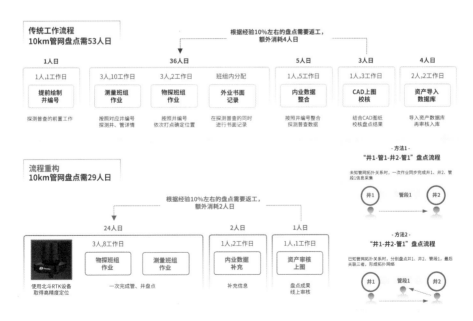

图 5.3-11　排水管网资产盘点流程重构示意图

经测算，与传统做法相比，不同类型的资产运用全新流程和数字化工具可将效率提高 2～9 倍，最终形成完整性、准确性、一致性、规范性和唯一性均符合标准的资产数据库。目前本项目已入库设施设备资产总量近 16 万项，通过资产一张图清晰呈现各项资产空间分布，见图 5.3-12。资产入库上图后，运用智慧运营平台的信息查询、拓扑分析和横/纵断面分析等功能，运营人员可全面掌握城市水系统资产状态，见图 5.3-13；对于已接收的存量资产和已转运营的新建资产，通过张贴标识牌形式清晰展示资产所处位置、基础信息以及上下游关系等，为资产精细化管理奠定基础，见图 5.3-14。

图 5.3-12　宿迁项目资产一张图

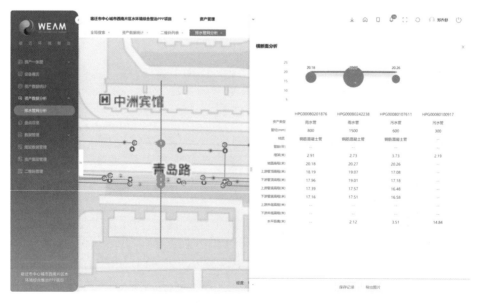

图 5.3-13　宿迁项目排水管网横断面分析

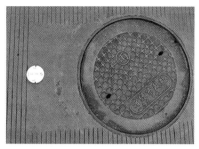

图 5.3-14　宿迁项目资产贴牌示意图

5.3.4　资产评估分级

宿迁项目运营资产主要是排水管网、河道、泵闸站和城镇污水处理厂，运用本书第 3.2 节建立的资产评估分级方法，利用智慧运营平台预先配置评估模型、制定评估计划，并据此开展资产风险评估工作。

资产风险评估模型指标通常涉及资产静态信息、动态信息及环境、管理等非资产信息。当平台预设的评估模型与项目实际情况不匹配时，可调整评价指标及其权重，尽量选取影响因素较大且可通过平台自动获取数据的评价指标（例如井盖材质、井底淤积度等），最大限度地减轻一线人员数据填写工作量。风险评估模型配置页面如图 5.3-15 所示。

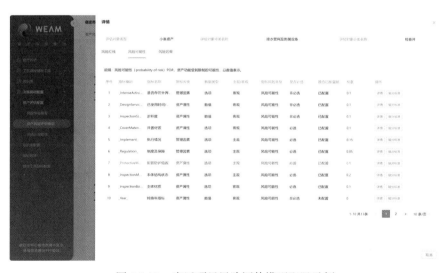

图 5.3-15　宿迁项目风险评估模型配置示例

2023 年 4 月，项目选取了经开区富康大道作为评估区域，包含雨水管段 196 项、污水管段 57 项、检查井 180 项、雨水口 162 项，结果显示 97.22%的检查井、100%的雨水管段和 8.77%的污水管段为"中风险"等级，78.95%的污水管段、2.78%的检查井和 100%的雨水口为"较低风险"等级，12.28%的污水管段为"低风险"等级。之所以该路段中雨水管段风险等级更高，是因为雨水管段中检出结构性缺陷更多、缺陷等级更高，风险发生的可能性更大。

2024年1月，选取宿城区的部分区域开展了风险评估工作，见图5.3-16。该区域包含污水管段1239项。模型分析结果表明，该区域1239项污水管段中，属于"低风险"等级的管段数量为1116项，占比90.07%，属于"较低风险"等级的管段数量为123项，占比9.93%。整个试点区域风险等级评估结果为"较低风险"等级。可以看出，该试点区域整体养护情况尚可，资产风险等级较低，部分管段为"较低风险"而非"低风险"的原因是管道位于次干路、所选管径较大，失效后影响范围广。

区域内资产风险等级分布通过风险一张图清晰呈现，见图5.3-17，并且可快捷识别高风险因素，支撑项目制定有针对性的管理举措。

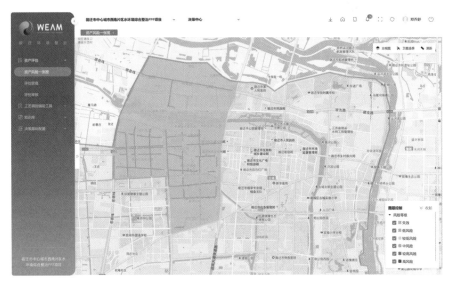

图5.3-16 宿迁项目排水管网风险评估区域（2024年1月）

图5.3-17 宿迁项目试点区域排水管网风险分布（2024年1月）

除了通过风险分布图查看各项资产的风险情况外，还可以通过智慧运营平台中的设施设备履历功能对资产的静态信息及其历次故障上报信息、维修养护记录以及评估结果长期跟踪，见图5.3-18。

图 5.3-18　宿迁项目资产履历示例

将风险评估的结果与现状摸排时掌握的排水管网内部淤积和高水位运行情况、存量资产接收时咨询单位出具的价值评估结果相结合，最终确定各项资产的重要性等级，制定分区分级的运维养护计划，实现资产的网格化、精细化管理。

5.4　运营维护

5.4.1　运维组织

宿迁项目运营片区较大，城市水系统要素较多，包含排水管网、泵站、污水处理厂、河道、闸坝等。为统筹复杂业态下各类资产的运行维护，提高公司人员效率，宿迁项目在运行维护管理组织方面以人为中心，通过计划、指挥、协调、控制等管理手段对组织拥有的人力、物资等资源进行有效调配，以期高效达到既定运营目标。秉承本书第3.6节提供的组织优化方法，充分考虑人员共享和资源集约，统筹考虑运营范围内的水系统要素，并对各要素与对应业务工作进行拆解，结合政府对口行政区划，对应考核要求从总部、业态、岗位/班组三个层面设计运营逻辑，形成一中心、五单元的组织架构，见图5.4-1。

调度中心整合运营技术团队，通过智慧运营平台分析水系统各项运营数据，从环境绩效达标和运营效率提升方面对各运营单元提出指导意见与要求，并相应开展运营业务单元考核工作。各业务单元平行开展运营维护工作，按业务类型划分为管网河道运营单元（针对线性资产）、水处理运营单元、设备维护单元、设施维修单元、运营保障单元。

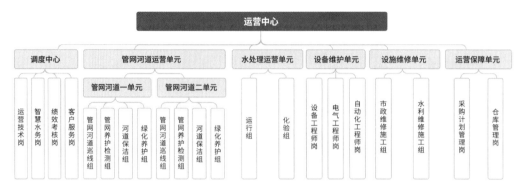

图 5.4-1　宿迁项目运维组织架构图

调度中心负责开展统筹调度工作，运营技术与调度相关人员均集中于调度中心，下设运营技术岗、智慧水务岗、绩效考核岗、客户服务岗。

管网河道运营单元负责排水管网和河道的日常运营维护，分两片区开展工作，两片区分别下设管网河道巡线组、管网养护检测组、河道保洁组、绿化养护组。

水处理运营单元负责污水处理厂和泵闸站的日常运营维护，下设运行组、化验组，化验组也可支持管网河道运维单元送样检测分析。

设备维护单元负责公司所有设备类资产的点检、保养和维修，下设设备工程师岗、电气工程师岗、自动化工程师岗。

设施维修单元负责公司管理的设施类资产维修、改造与土建施工，下设市政维修施工组及水利维修施工组。

运营保障单元负责运营工作的后勤保障，包括物资采购、库存管理、车辆管理等。

针对上述运维组织，在智慧运营平台中对组织、用户、角色和班组进行配置，以便后续运营管理工作的开展，见图 5.4-2。

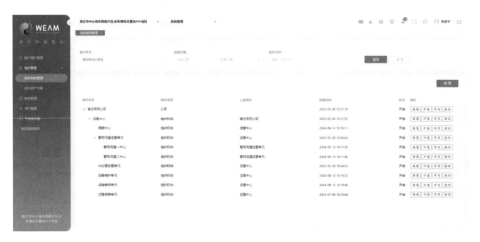

图 5.4-2　组织配置页面

5.4.2　运维管控

本项目因存量资产数量众多，特别是排水管网相关的管段、检查井、雨水口等合计数十万项，且运营内容及标准较多，需要借助智慧运营平台工具辅助管理，解决传统运维工作中存在的运营标准不统一、作业不规范、管理工具落后等问题。通过智慧运营平台的应用，一方面帮助运维人员更高效地开展工作，提高工作质量和效率；另一方面统一的作业和问题故障标准也便于开展数据统计分析工作，为数据价值挖掘提供基础。

排水管网是西南片区运维工作的重点，管网运营效果到位情况下才能构建完整的控源截污体系，提升水环境容量，达到项目环境绩效目标，因此本节以排水管网运维管控为例进行介绍。

排水管网运维业务以工作内容划分，主要包括巡检、养护、检测、维修。运维管控的主要标准根据行业规范、合同要求和运营经验，结合集团总部建立的运营技术标准体系确定，配置到智慧运营平台中，并在运维实践中固化管控流程和标准，进行人员、物资、车辆的调配。

日常运维作业主要包括计划性任务和临时性任务，一般情况下执行的是按特定周期进行的计划性巡检、养护和检测，而发现资产问题时则需要派发以维修作业为主的临时性任务，及时解决问题。

对于周期性任务，宿迁项目统筹人力、物资等资源，编制年度及月度运维计划，并将其配置在智慧运营平台中，通过平台的巡检、养护、检测计划定期自动生成工单并派发至指定班组，管理和调度人员也可通过平台统计分析周期性运维任务的完成进度，示意图见图 5.4-3。

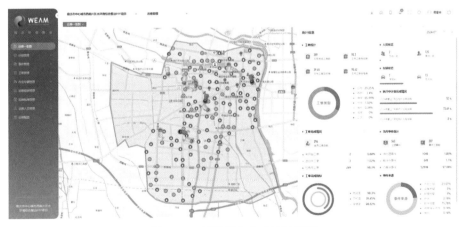

图 5.4-3　运维任务完成统计页面

下面以管网巡检为例详细介绍宿迁项目对于具体作业任务运维管控的流程。

管网巡检的主要任务是定期检查排水管网各类设施的功能和结构状态，及时发现问题，并通知维修团队进行处理。由于排水管网分布范围广，难以频繁地开井检查内部情况，因此将管网巡检划分为两个作业场景——排水管网设施巡视和排水管网设施检查，由不同的人员按照不同的频次要求分别开展工作。其中，排水管网设施巡视是指对管网沿线的环境情况和表面状态进行巡视检查，一般每个巡视人员每天约可巡视80km 管网，排水管网设施巡视操作示意图见图 5.4-4；排水管网设施检查是指对管网设施内部状态进行检查，需要逐个检查井、雨水口、排水口进行开盖检查，并使用管道潜望镜、QV 等方法检查管渠内部，一般每组检查人员每天约可检查 60 个管段，排水管网设施检查操作示意见图 5.4-5。

图 5.4-4　排水管网设施巡视操作示意　　图 5.4-5　排水管网设施检查操作示意

本项目预先在智慧运营平台中配置各作业场景下对不同资产类型需要填报的作业记录项，确保不同资产类型和作业场景下作业标准与数据标准的统一。作业人员在执行运维任务过程中采用平台配套的移动应用填报作业记录，根据不同场景的作业要求填报工作内容，平台随即自动生成详细的作业报告和作业轨迹，从而提高运营数据的可用性、可比性和可分析性，排水管网巡检作业详情见图 5.4-6 和图 5.4-7。

图 5.4-6　排水管网巡检工单详情

图 5.4-7　排水管网巡检工单作业记录

在巡检过程中发现的问题，可根据平台嵌入的资产问题标准进行准确识别和快速上报，在平台中生成事件，由运营调度人员处理，生成工单派发至相应的作业班组，运营调度人员派发工单操作见图 5.4-8。

图 5.4-8　运营调度人员派发工单示意图

通过应用智慧运营平台，宿迁项目实现了运维工作的可视化、精细化和标准化管理，已配置 34 个作业场景标准、1.5 万项资产问题标准，建立 58 项周期性运维计划，派发 6000余条工单，实现作业标准管控和任务实时追踪，并通过精简的业务流程极大提高了业务效率。经测算，间接提升人均作业效率 10%，减少事件识别和处理时间 15%，减少运维记录和考核时间 20%，降低运营资料管理工作量 50%，整体提升了运营效率和管理水平。

5.4.3　分级运维

如前文所述，可以根据资产评估结果开展分级运维工作，对于高风险的资产提高运维频次,对于低风险的资产降低运维频次。以排水管网为例,对宿城区部分管网进行资产评估,将评估范围内的管网划分为非常重要单元、重要单元、一般单元三个等级,不同养护等级的工作计划见图 5.4-9。经测算,按照非常重要单元 11%、重要单元 36%、一般单元 53% 的比例开展精细化管理,节省运营维护成本 31.83%。

图 5.4-9　管网分级运维计划示意图

5.4.4　更新改造

本项目的主要建设内容是污水处理厂、污水干管的建设改造以及河道水系连通。而大量支管网的更新完善和混错接改造需要在持续运营的过程中发现问题、提出思路并逐步改造优化。可以借助智慧运营平台更加高效地完成此项工作。以排水管网为例,在巡查、检测中发现的管段结构性和功能性缺陷可利用平台持续跟踪管理,见图 5.4-10,根据项目的实际情况有针对性地制定修复方案,缺陷修复后便从平台上消项,见图 5.4-11。

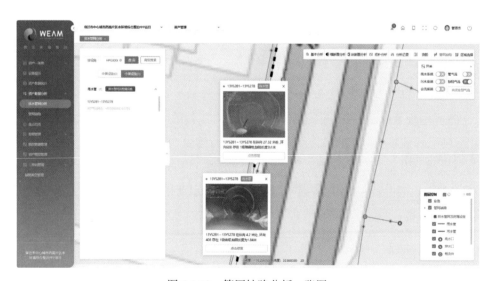

图 5.4-10　管网缺陷分析一张图

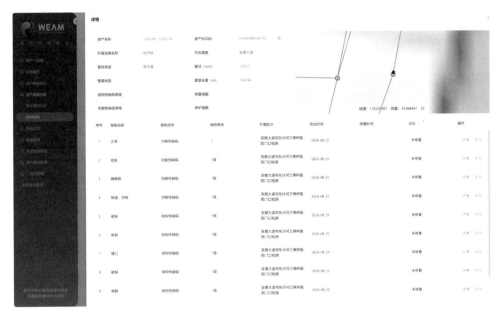

图 5.4-11 管段缺陷详情页面示意

5.5 监测分析

5.5.1 监测目标

针对宿迁项目运营范围内的河道、排水管网、污水处理厂、泵站、闸坝等对象，以改善水环境、保障水安全为根本目标，通过对接已有监测监控站点数据和新布设各类物联感知设备，实时感知对象运行状态，以获取及时、准确、全面的监测数据；依托数据分析支持宿迁项目开展运营管理工作，为水质分析、活水调度、排水防涝、管网提质增效、模型支持等业务目标的实现提供数据支撑。

5.5.2 本底现状

按照资产管理体系及业务管理需要，将宿迁项目监测划分为水环境系统、雨水系统和污水系统三大部分，各类别监测对象详见表 5.5-1。

宿迁项目监测对象分类 表 5.5-1

分类	组成
水环境系统	河道、排水口
雨水系统	雨水管网及其附属设施、排涝泵站、易涝点
污水系统	污水（合流）管网及其附属设施、污水泵站、污水厂、排水户

1. 水环境系统

宿迁项目运营范围内有 24 条考核河道，约 209.4km，包括 20 条存量河道和 4 条新建河道，其中古黄河、西民便河是宿迁市外围防洪排涝河道，其他河道形成了"四纵八横"水系布局（图 5.5-1）。项目范围内大部分河道已消除黑臭，但河道水质污染仍然较为严重。

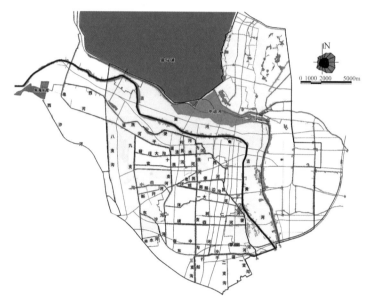

图 5.5-1 河道水系现状图

2. 污水系统

项目范围内基本实现雨污分流；现状市政道路均设有雨污水管道，实现市政道路雨污分流；部分小区、工厂内部为合流制，但基本实现地块总口截流，存在个别混错接点。宿迁项目目前有三个污水厂，分别为河西污水处理厂、苏宿污水处理厂和耿车污水处理厂，总服务面积为 80km²。雨季时三座污水厂基本满负荷运行，规划新增 1 个经开区污水处理厂（一期 5 万 m³/d，二期 10 万 m³/d），服务面积 39km²。项目范围内污水管网总长约 495.1km，存量 376.7km，规划新建 118.4km。项目建设初期，污水系统的问题主要表现为污水管网功能和结构性缺陷、污水泵站自动化程度低和部分污水管段高水位运行等方面。

3. 雨水系统

西南片区地势纵向北高南低，横向西高东低，雨水就近排入河道（古黄河、西民便河及其支流）。部分区域地势较低，地面标高只稍高于甚至低于河道高水位，受雨季河道水位上涨影响，管道雨水难以排入河道，需依靠泵站排水。西南片区建成区雨水管网较为完善，运营范围内总长 683.2km，现状雨水管网总长约 630.2km，规划新建 52.8km。根据城区现有水系、地面高程将西南片区划分为 6 个排水区 A～F（图 5.5-2），其中A、B、D为自排区，C为机排区，E、F为自排机排结合区，详见表5.5-2。项目建设初期，雨水系统主要存在雨水管网建设标准低、排涝泵站信息化程度低和易涝点积水现象频繁等问题。

西南片区雨水排水分区 表 5.5-2

序号	片区	排水类型	面积（km²）	排水排向
1	A	自排区	22.5	西民便河、古黄河
2	B	自排区	26.3	十支沟
3	C	机排区	10.3	为民河、富民河
4	D	自排区	29.4	十一支沟
5	E	自排机排结合区	8.1	西民便河、古黄河
6	F	自排机排结合区	26.3	横四河，西民便河、船行干渠

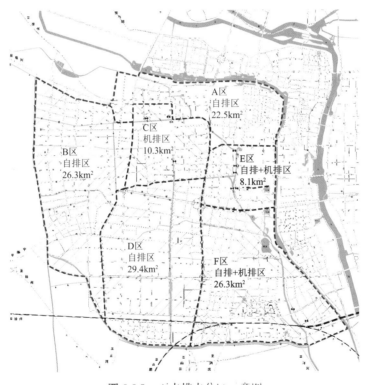

图 5.5-2 雨水排水分区示意图

5.5.3 监测方案

5.5.3.1 技术路线

基于前述监测目标和项目现状，按照代表性、可比性和系统性的原则制定监测方案,技术路线如图 5.5-3 所示。

1	明确监测目标	基于宿迁市西南片区项目运营目标,对监测需求和不同需求之间的关系进行系统性梳理,以明确监测目标。
2	进行项目现状分析	收集PPP项目合同、排水系统规划、治理方案、设计文档等基础业务资料,明确涉水资产的空间位置、属性信息和拓扑结构等信息,对监测区域内排水体制、涉水设施现状、易涝点分布等现状进行分析,明确项目存在的问题和需求;收集监测范围内信息化建设基础资料,包括现有监测设备和监测数据现状等,充分利用现有监测条件,避免重复监测。
3	确定监测内容	监测方案内容包括监测层级、监测分区、监测对象、监测点位、监测指标、监测方式等内容;基于监测效能最大化原则,一方面需要考虑监测点位布设的系统性;另一方面需要统筹考虑不同监测指标、监测方式的优化组合,充分发挥监测设备和数据作用。
4	监测设备安装与调试	基于监测方案进行现场踏勘,核实现场情况与图纸的匹配性,确保点位对应;对点位的安装环境进行评估,对设备安装可行性、后续数据准确性、运维工作量等进行评估;按照规范要求进行监测设备的安装和调试,考虑排水系统设备安装环境较为复杂,需要在安装完成后进行设备调试和数据校核,为后续数据采集提供支撑。
5	数据采集与分析	通过将各监测设备接入物联网平台,并进一步对接到上层监测系统,实现监测数据采集;汇聚的各监测对象的监测数据信息,以数据分析目标为牵引,进行数据分析,以支撑监测目标实现。
6	监测方案优化调整	随着数据的不断采集和分析,业务人员基于数据不断加深对水系统运行状态的认知,可能衍生出深层和细化的监测需求,此外项目的实际监测条件和边界范围也在动态变化,上述因素均会导致数据采集和分析现状与最新需求不匹配,因此需要对原有方案进行迭代优化,包括监测点位、监测方式和监测指标的增删改等。

图 5.5-3　监测方案技术路线

5.5.3.2　监测内容

1. 水环境系统

水环境系统的监测对象包括河道和排水口,监测内容包括河道水质、水位、流量和视频监测,系统梳理对应监测内容的监测目标、布点位置、监测指标和监测方式,形成水环境系统监测方案,详见表 5.5-3。

水环境系统监测方案　　　　　　　　　　　　　　　　表 5.5-3

监测内容	监测对象	监测目标	布点位置	监测指标	监测方式
河道水质	24 条考核河道	河道水质达标状况评价	82 个考核断面	COD、NH_3-N、ORP、TN、TP	第三方检测机构
	树仁河、十一支沟、西民便河、古黄河共 4 条河道	生态治理河道水质状况评价、大型排水口旱天出流情况评估	考核断面、河道交叉口及排口附近、运营分区交界处	高锰酸盐指数、NH_3-N、DO、ORP	在线监测
河道水位	西民便河、古黄河等 11 条河道	用于水文情报预报,通过掌握河道水量规律、系统产汇流情况,为闸站、泵站运行提供依据	河道水利设施(闸、坝)上下游	水位、水位高程	在线监测

续表

监测内容	监测对象	监测目标	布点位置	监测指标	监测方式
河道流量	西民便河、为民河、利民河、十支沟、富民河共5条河道	为水闸站调配水资源提供依据，在汛期掌握各河道流量，提高防汛能力	河道交叉口、河道水利设施（闸、坝）上下游	流量、流速	在线监测
排水口视频	老民便河、西民便河等8条河的沿河排水口	全天候对河流交汇处、重点河道雨水排口、重点河段进行实时监控	隐患排水口、河道交叉口附近、重点设施附近、人口密集垃圾存放区域等	视频	在线监测

通过智慧运营平台实现上述监测设备数据接入，并通过监测一张图进行直观展示，如图 5.5-4 所示。

图 5.5-4　水环境系统监测一张图

2. 雨水系统

雨水系统的监测对象包括雨水管网及其附属设施、排涝泵站和易涝点，监测内容包括雨水管网运行状态、排涝泵站运行状态、内涝积水点、模型应用，系统梳理对应监测内容的监测目标、布点位置、监测指标和监测方式，形成雨水系统监测方案，详见表 5.5-4。

雨水系统监测方案　　　　　　　　　　　　　　　　表 5.5-4

监测内容	监测对象	监测目标	布点位置	监测指标	监测方式
雨水管网运行状态	雨水管网及其附属设施	满管、溢流问题识别	主干管、分支节点	液位	在线监测
		淤堵问题识别	主干管、关键节点	液位、流量、流速	在线监测
		破损、混接问题识别	主干管、关键节点	流量、降雨量	在线监测

续表

监测内容	监测对象	监测目标	布点位置	监测指标	监测方式
排涝泵站运行状态	排涝泵站	排涝泵站运行状态实时监控	排涝泵站泵房、进出水池	视频	在线监测
内涝积水点	43个易涝点	积水点位识别、积水特征分析	易涝点	积水深度（8套）、积水影像（8套）、降雨量	在线监测
模型应用监测	雨水管网及其附属设施	为内涝模型提供数据支撑	关键节点、易涝点	液位、积水深度	在线监测

通过智慧运营平台实现上述监测设备数据接入，并通过监测一张图进行直观展示，如图 5.5-5 所示。

图 5.5-5　雨水系统监测一张图

3. 污水系统

污水系统的监测对象包括污水管网及其附属设施、污水泵站、污水处理厂和排水户，监测内容包括污水管网运行状态和污水系统运行效能，系统梳理对应监测内容的监测目标、布点位置、监测指标和监测方式，形成污水系统监测方案，详见表 5.5-5。

污水系统监测方案　　　　　　　　　　　表 5.5-5

监测内容	监测对象	监测目标	布点位置	监测指标	监测方式
污水管网运行状态	污水管网及其附属设施	满管、溢流问题识别	主干管、分支节点	液位、智能井盖监测	在线监测
		淤堵问题识别	主干管、关键节点	液位、流量、流速	在线监测
		破损、混接问题识别	主干管、关键节点	流量、降雨量	在线监测

续表

监测内容	监测对象	监测目标	布点位置	监测指标	监测方式
污水系统运行效能	经开区污水处理厂	污水进水、出水水质和流量	进、出水仪表间	水质、流量	在线监测
	宿支、河滨等13个污水泵站	污水泵站服务片区水质	污水泵站集水池	COD、NH$_3$-N、pH值、SS	在线监测
	污水管网及其附属设施	入流入渗问题识别	污水泵站和污水厂上游过河污水管	电导率	在线监测
	污水管网及其附属设施	污水收集率测算	主干管节点	流量	在线监测
	8个工业企业排水户	排水户水质排放规律、污染溯源等	中大型排污企业	化学需氧量、氟化物（以F计）、流量	在线监测
	污水管网及其附属设施	污水管网水质考核	重要节点	COD、NH$_3$-N、TP、TN	第三方检测机构

通过智慧运营平台实现上述监测设备数据接入，并通过监测一张图进行直观展示，如图5.5-6所示。

图 5.5-6 污水系统监测一张图

5.5.4 数据分析

秉承本书第 3.4 节监测分析技术体系方法，宿迁项目已通过智慧运营平台实现多源异构数据采集和质量管控，实现了高质量数据汇聚和展示；在此基础上依托相关功能开展了各项监测数据分析工作，现以内涝防控业务场景为例，详述监测数据分析思路和结果，整体技术路线详见图 5.5-7。

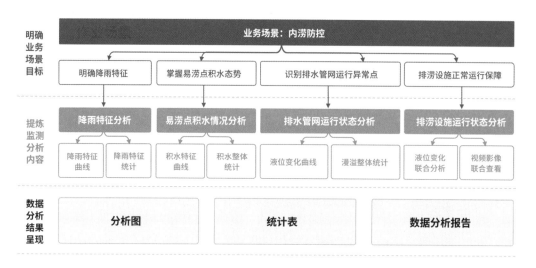

图 5.5-7　内涝防控数据分析技术路线

宿迁项目在内涝防控业务开展过程中需要系统掌握场次降雨特征、易涝点积水特征、排水管网和排涝泵站的运行状态等，以支撑调度工作开展。基于上述业务需求，首先明确分析内容包括降雨特征分析、易涝点积水情况分析、排水管网运行状态分析和排涝泵站运行状态分析等，并进一步细化为特征曲线分析、整体情况统计、视频影像查看等分析内容，通过将宿迁项目范围内监测对象和监测指标的重新排列和组合，形成面向内涝防控场景的数据分析要素，见图 5.5-8。基于上述分析要素、分析目标进行数据分析的结果可以通过分析图、统计表和数据分析报告等形式呈现。

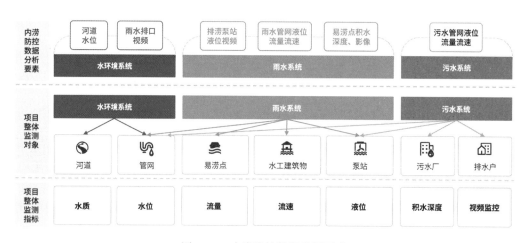

图 5.5-8　内涝防控数据分析要素

现以 2024 年 7 月某典型场次降雨为例，运营团队首先通过降雨分析了解本次降雨特征，在此基础上针对内涝积水、排水管网运行状态和排涝泵站运行状态三个方面进行数据分析。

5.5.4.1　降雨特征分析

通过布设雨量计实时获取雨量监测数据，进行降雨事件划分和统计分析，选取2024 年 7 月 8 日 20:00 至 2024 年 7 月 9 日 15:00 的场次降雨（简称"0708 场次降雨"）进行降雨特征分析，本场次的降雨历时为 19h，累计降雨量为 180.97mm（大暴雨），最大小时降雨量为 55.43mm，发生时间为 2024 年 7 月 9 日 5:00。

5.5.4.2　易涝点积水分析

内涝防控的一个重要方面是要关注易涝点的积水情况，需要基于积水监测数据进行内涝点积水态势分析，识别高风险点位，及时采取对应措施。

1. 易涝点积水特征

内涝积水监测对象为 8 个易涝点，包括市管区 7 个易涝点——发展大道与骆马湖路交叉口易涝点、发展大道与洞庭湖路交叉口易涝点、洪泽湖路与楚街交叉口易涝点、富康大道与大连路交叉口易涝点、发展大道与西湖路五岔路口易涝点、青年路与西湖路交叉口易涝点、青年路与太湖路交叉路口易涝点，经开区 1 个易涝点——迎宾大道与深圳路交叉口桥底易涝点，监测指标为积水深度。通过监测一张图可以查看点位空间分布情况，并可以进一步查看积水深度和积水影像等，见图 5.5-9。

图 5.5-9　易涝点监测一张图

1）整体积水情况统计

如图 5.5-10 所示，运营团队通过平台绘制对比不同易涝点的积水特征曲线，并以积水深度 15cm 作为判定该易涝点发生积水的判定规则，得出 8 个易涝点中，仅迎宾大道与深圳路交叉口（桥底）积水点发生积水，其他 7 个积水点均未发生积水，整体易涝点消除率为 87.5%。

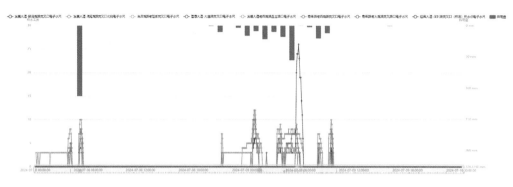

图 5.5-10   易涝点积水特征曲线

2）各易涝点积水特征分析

富康大道与大连路交叉口易涝点、发展大道与西湖路五岔路口易涝点和青年路与太湖路交叉路口易涝点始终未发生积水，其他积水点的积水特征如表 5.5-6 所示，其中迎宾大道-深圳路交叉口（桥底）易涝点的积水情况最为严重，最大积水深度为 26cm，其他点位的最大积水深度均在 15cm 以下，各易涝点的退水时间均小于 0.5h（退水时刻均早于场次降雨结束时刻）。

易涝点积水信息统计表   表 5.5-6

序号	易涝点名称	退水时刻	最大积水深度（cm）	最大积水深度发生时间
1	发展大道与骆马湖路交叉口易涝点	2024-07-09 05:59:00	6	2024-07-09 00:47:00
2	发展大道与洞庭湖路交叉口易涝点	2024-07-09 09:42:00	12	2024-07-09 00:47:00
3	洪泽湖路与楚街交叉口易涝点	2024-07-09 09:40:00	7	2024-07-09 09:27:00
4	青年路与西湖路交叉口易涝点	2024-07-09 09:46:00	10	2024-07-09 00:44:00
5	迎宾大道与深圳路交叉口（桥底）易涝点	2024-07-09 06:16:00	26	2024-07-09 05:46:00

2. 积水影像查看

基于上述降雨和积水数据进行分析和统计，初步判断迎宾大道-深圳路交叉口（桥底）易涝点的积水情况较为严重。结合实时和历史视频查看，2024 年 7 月 9 日 5 点 57 分左右下穿桥区积水严重，水深达到 26cm，结合视频影像得以更加直观掌握积水态势，见图 5.5-11。

图 5.5-11 迎宾大道-深圳路交叉口（桥底）易涝点积水影像

5.5.4.3 排水管网运行状态分析

排水管网是排涝的重要基础设施之一，承担着收集输送污水和快速排除雨水的双重功能，容易发生各种管网缺陷问题，对运行状态影响较大，并增加内涝风险，需要基于液位等监测数据，进行运行问题诊断，降低内涝风险。

1.雨水管网运行状态分析

1）液位整体分析

雨水管网液位监测点位共计 33 个，其中市管区 20 个，宿城区 12 个，经开区 1 个。运营团队依托智慧运营平台的监测报表功能，对 33 个监测点位在 0708 场次降雨期间的液位数据进行统计分析，如图 5.5-12 所示。结合各点位的管径和井深，综合判断水位高低、满管和漫溢情况，分析得出 0708 场次降雨期间雨水管网有 4 处溢流高风险点位。

图 5.5-12 2024 年 7 月 9 日雨水管网液位监测报表

2）漫溢高风险点位分析

运营团队通过平台对前述 4 处漫溢高风险点位绘制场次降雨期间的液位变化曲线，如图 5.5-13 所示，2024 年 7 月 9 日凌晨 1 点左右，各点位均达到液位最高值，但均低于各点位井深，未出现漫溢情况，但是漫溢风险较高，其后在凌晨 5 点，小时降雨量达到最大值，各点位均保持满管流状态，但未发生漫溢。

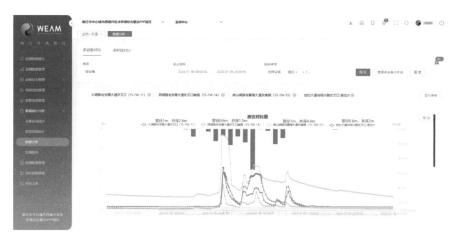

图 5.5-13　雨水管漫溢高风险点位液位变化曲线

2.污水管网运行状态分析

1）液位整体分析

宿迁项目污水管网液位监测点位共计 89 个，其中市管区 23 个，宿城区 19 个，经开区 47 个。运营团队依托智慧运营平台的监测报表功能，对 89 个污水管网监测点位在 0708 场次降雨期间的液位数据进行统计，如图 5.5-14 所示，结合各点位的管径和井深，综合判断水位高低、满管和漫溢情况，分析发现共计 19 处液位监测点位出现满管情况，其中市管区 8 处、宿城区 4 处、经开区 7 处，1 处可能存在漫溢情况。

图 5.5-14　2024 年 7 月 9 日污水管网液位报表

2）满管和漫溢点位液位特征分析

漫溢点位为太湖路与世纪大道交叉口液位监测点位（W030064），该点位属于河滨污水泵站片区，分析该点位上游点位（W030005）和下游点位（W011027）共计三个液位监测点位的液位特征曲线，如图 5.5-15 所示，可以看出三个点位的液位变化趋势与降雨变化趋势存在一定的时间相关性，初步推断可能存在雨污混接问题；太湖路监测点位液位明显高于其上游和下游点位，初步推动此点位可能存在管道淤积情况。

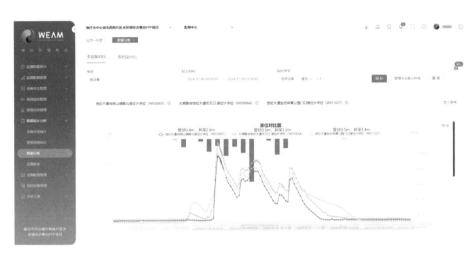

图 5.5-15　污水管溢流高风险点位液位变化曲线

5.5.4.4　排涝泵站运行状态分析

排涝泵站是内涝防控的关键设施，特别是强降雨发生时，低洼地区的积水难以自排，河道水位快速上涨也容易引起河水倒灌，需要借助排涝泵站实现排水以保障城市安全。可通过河道水位和排涝泵站液位监测数据分析及时掌握河道水位变化趋势，按需启停排涝泵站，同时通过泵站液位的变化和视频监控情况，及时了解泵站的运行状态，支撑汛期排涝工作的开展。

以厦门路排涝泵站为例，厦门路排涝泵站抽水排入河流为西民便河，当河道水位高程高于 18m 时，无法实现自排，需要进行机排，因此通过对河道水位高程、排涝泵站液位和降雨量进行联合分析，可及时根据河道水位高程的变化开启排涝泵站以保障内涝防控业务的顺利开展。

1. 排涝泵站液位-河道水位高程关联分析

如图 5.5-16 所示，0708 场次降雨期间河道水位高程随降雨增大逐渐升高，2024 年7 月 9 日凌晨 4 点 45 分时，水位高程达到需要开启排涝泵站的高程阈值 18m。

随后排涝泵站开启，如图 5.5-17 所示，泵站前池液位下降；随着降雨的不断持续，河道水位高程始终保持在大于 18m 的高位，其后排涝泵站开启数次以保障雨水排放畅通。

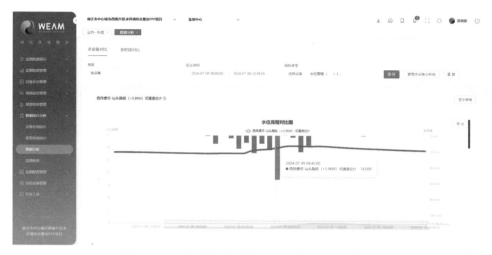

图 5.5-16 西民便河水位高程（废黄河）变化曲线

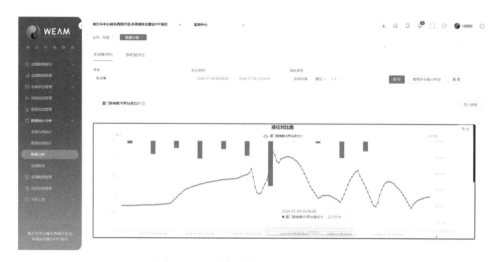

图 5.5-17 厦门路南泵站液位变化曲线

2. 泵站进出水口-河道水位视频联合查看

运营团队除了通过仪器仪表的数据变化趋势分析支撑进行排水设施启停决策，还在排涝泵站和河道关键点位布设了视频监控设备，如图 5.5-18 所示。可结合多路视频联合查看实时视频影像数据可以更加直观地判断水情态势，支撑决策。

通过布设雨量计实时获取降雨数据，可基于降雨数据进行降雨事件分析统计降雨特征和易涝点积水特征，实时掌握积水情况、定位积水点位、支撑防汛调度业务开展；基于排水管网运行状态分析明确雨水和污水管网漫溢风险，发现可能发生淤积和混错接的问题点位，指导运维作业和问题整改工作的开展；基于河道水位监测和排涝泵站液位、视频监测将上述数据进行关联性分析，为排涝设施远程控制提供参考依据。

通过数据采集和分析，实现了水雨情信息实时感知，风险点位识别率大大提升，整体提升了联防联控决策能力，助力内涝防控从传统的被动处置向主动防控转变。

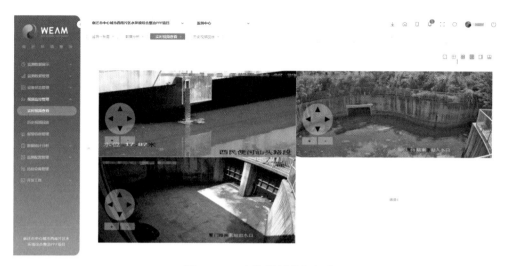

图 5.5-18　多路视频联合查看

5.6　综合调度

5.6.1　业务需求

宿迁项目运营管理中涉及的业务范围众多，涉及的管理部门、组织结构复杂，为了构建环境综合治理能力，需要纵横兼顾、点面结合，解析与规划城市水系统实际调度需求，提出各类应用场景的联合调度目标，将系统内的"源-网-厂-河"联合调度、应急调度都纳入调度体系中进行集中管理。以现场数据的全面掌控、未来状况的有效预测、指令规则的科学设计为基础，落实包括泵站、闸门、厂站等设施设备调控，以及包括人员、车辆、物资等资源的配置，以经济高效的模式共同保障多目标情景的高效调度、智慧调度。

根据运营片区特点与环境绩效目标，宿迁项目重点考虑活水循环、内涝防控两大方向。受篇幅限制，本书以内涝防控为例介绍智慧调度实践情况。

内涝防控主要应对西南片区范围内城市强降雨等事件，通过与监测分析体系相结合，开展城市内涝防控工作。据统计，2023 年宿迁市总降水量达 1097mm，单次最大降水量 603.59mm。宿迁项目防汛压力巨大，2023 年防汛助排次数超过 10 次，单次连续防汛工作时间超过 36h，单次最多防汛人数近 100 人（含临时防汛人员）。

本书第 3.5 节已阐述，内涝防控按汛期阶段划分，可分为汛前准备、汛中调度、汛后整改三个阶段。汛前准备阶段主要进行调度预案的制定和防汛人员的组织。汛中调度的重点是首先接收预警预报，清点如泵车、排涝泵、沙袋、挡水板等防汛物资；其次部署安排网格化防汛区域与巡查人员，在降水开始后关注积水点问题发现与上报，调度指令及时传达到位，处置人员及时到位开展处置工作。汛后整改主要跟踪积水点情况，统计清单上报，比对历年积水情况变化并提出相应的治理方案。

在未应用智慧运营平台前，汛前准备阶段主要使用表格整理统计防汛人员名单和联系方式，并发送给各防汛小组负责人，以宿迁市经开区某次防汛组织为例，详见表 5.6-1。

宿迁市经开区防汛组织示意 表 5.6-1

宿迁市经开区防汛组织分工			
	东片区		
	组号	防汛位置	车型
	固定一组	平安大道与深圳路交叉路口、发展大道与德州路交叉路口	排水车
	固定二组	人民大道金鸡湖路小学、逸品尚居南门	巡查车
	固定三组	发展大道与深圳路交叉路口、欧洲花园南门	巡查车
	机动一组	迎宾大道以东、西湖路以南、香港路以北	巡查车
	强排一组	发展大道与深圳路交叉路口	疏通车 排水车
	调度人员	—	—
经开区总调度人员	西片区		
	固定四组	南京路与迎宾大道交叉路口	疏通车
	固定五组	振兴大道与澳门路交叉路口、香港路与迎宾大道交叉路口	
	固定六组	广州路正信光电	排水车
	固定七组	永康路与姑苏路交叉路口	排水车
	固定八组	淮海技师学院北门、苏州路与迎宾大道下穿	巡查车
	机动二组	迎宾大道以西、西湖路以南、香港路以北	排水车
	强排二组	永康路与姑苏路交叉路口	疏通车 排水车
	强排车	南京路与迎宾大道交叉路口	排水车
	调度人员	—	—

在汛中调度阶段，主要依赖即时通信工具、电话等工具组织人员到场，跟踪防汛人员到位和任务执行情况，并开展内涝防控工作，防汛人员到场示意图见图 5.6-1，即时通信工具开展调度工作示意图见图 5.6-2。

图 5.6-1　防汛人员到场示意图　　　　　图 5.6-2　通过即时通信工具开展调度工作

汛后整改阶段根据统计的积水点清单进行积水原因排查并提出整改方案，积水点管网改造见图 5.6-3。

图 5.6-3　积水点管网改造

采用传统方式进行调度，调度指挥人员前期准备困难，对于现场情况无法实现实时、准确、全面的了解，亦难以统筹提出最佳的防汛调度方案，汛后也不便于对防汛工作进行统计分析，导致调度流程效率低下、效果不佳，亟须便捷的工具辅助内涝防控指挥调度。在应用智慧运营平台后，宿迁项目在汛前、汛中、汛后等阶段的工作方式均发生了较大变化。

5.6.2　汛前准备

宿迁项目将运营范围内的防汛区域根据行政区划分为 4 个片区，并为每个片区指定防汛负责人，负责片区内防汛任务的分配和执行，通过对历次降水积水点位上报情况和路面积水监测数据分析识别易涝点，将相应的易涝点管理分配至各防汛片区，片区和易涝点的管理责任均分配到具体班组和人员，实现了任务可视化和责任落实到人，防汛片区示意图见图5.6-4。

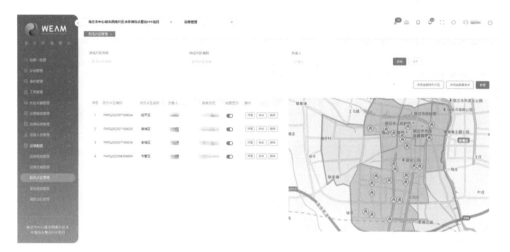

图 5.6-4　防汛片区示意图

宿迁项目通过智慧运营平台集成的城市内涝模型可模拟各降水条件下的内涝积水情况（图5.6-5），运营团队根据模型模拟结果，结合政府防汛工作方案、防汛片区划分和防汛经验制定相应的防汛调度预案并配置到平台，为汛中快速响应提供了有力支撑。

图 5.6-5　水力模型模拟结果示意图

5.6.3　汛中调度

收到气象部门发布预警后，项目公司启动相应防汛预案，并发布防汛工作通知。根据防汛工作预案，启动防汛工作后首先按照已有的防汛片区分工，通过智慧运营平台物资管理模块查询防汛物资领用与库存情况，落实汛前物资前置工作。其次以指令的形式根据防汛预案为防汛人员分配任务，并跟踪任务完成情况，防汛过程中发布指令的示意图见图5.6-6。

图5.6-6 防汛过程发布指令示意图

同时，宿迁项目还给生产用车、排涝泵车等重要车辆物资安装 GPS 与车载摄像头，实时掌握物资投放情况及现场车辆使用情况，示意图见图5.6-7。

图5.6-7 车载摄像头示意图

降雨开始后，可通过多种监测手段及人工巡查结合的方式发现识别积水点。例如通过河道排口视频监控查看排口是否正常排水（图5.6-8）；通过管道水位计监测雨水管道水位情况，并在超过预警值时即由监测中心系统发出报警信息；通过积水影像及道路电子水尺观察地面道路积水情况，并在产生积水后发出报警信息；也可通过防汛片区巡查人员发现积水，并使用移动应用上报新增处置积水点，见图5.6-9。

图 5.6-8　降雨时排水口视频监控示意图　　　图 5.6-9　巡查人员上报
　　　　　　　　　　　　　　　　　　　　　　　　　　积水点示意图

　　发现积水点后，需要应急班组到场处置的，调度中心通过平台发布调度指令，联系调度人员车辆到场处置。处置过程中，通过车辆自带 GPS 及摄像头跟踪处置车辆到位作业情况，积水点处置示意图见图 5.6-10。

图 5.6-10　积水点现场处置示意图

　　除发现和处置积水点外，对于可在线调控的设备，调度中心直接下发指令在线调控设备运行，如开启排涝泵或闸门。对于达到何种条件应开关泵闸，调度人员主要根据历史降水的管网-泵站-河道水位关联分析结合运营经验确定，相关分析过程可参见监测分析部分。

　　在汛中调度过程中，调度指挥人员可以通过平台的一张图监控积水点处置情况、人员车辆位置、相关监测数据等信息，以现场数据的全面掌控保障高效调度、智能调度。

5.6.4　汛后整改

　　在降水结束后，根据平台提供的降雨监测记录、防汛人员物资使用情况、积水点统计信息等生成该场次降雨报告，对多次降雨反复出现的积水点筛选识别，形成积水点整改清单，提交上级主管部门纳入年度整改计划，并于后续进行跟踪与更新。

　　通过应用平台的调度相关功能，宿迁项目实现了汛情的预测、预警和预案，在执行防汛任务过程中，实现了防汛任务、防汛人员、防汛资源、监测数据的全过程可视化跟踪，平台内置的调度规则辅助实现了快速精准调度决策，以科学理论指导智慧实践，向系统化、方案化、标准化、可视化的水系统综合调度模式转变，实现调度方案响应时间小于1min，执行时间缩减了30%。

5.7　整体成效

宿迁项目从城市水系统视角分析问题和成因，构建了综合治理措施、"源-网-厂-河"一体化运营体系和长效保障机制，梳理多工程体系与目标实现之间的关系，进行存量资产与新建工程的优化组合，综合考虑经济性、落地性和实施难度，力求做到整体效果最优。

运营团队建立了以排水管网为核心、以精益化运营为目标、以运营风险系统性管控为关键的运营管理体系，实现了项目健康、优质、高效运营。通过存量设施精细化运营与排查，总结存量设施运行问题，梳理排水系统病灶症结，针对性提出改造方案并不断优化系统方案。例如通过日常的运营排查，改造修复管网200余处，消除50余处易涝点，改造雨污水混错接30余处和截污点20余处，减少盲目大规模进行管网泵站翻建新建，节省投资1.5亿元，为宿迁市水环境、水生态、水安全、水智慧全面提升作出了重要贡献。

经过4年的建设与持续运营，西南片区的水环境质量得到了极大提升，项目成效如图5.7-1所示。

图 5.7-1　宿迁项目建设与运营成效

通过智慧运营平台的应用，宿迁项目将运营区域内分散多样的资产以系统化的视角串联起来，并实现了资产管理、监测分析、运维调度、经营决策等全业务场景管控，在绩效产出和运营效率等方面均获得了较大提升，综合节约运营成本约 15%。

在绩效产出方面，通过平台提供的监测预警服务和数据分析，运营团队对项目关键设备、水质、内涝等风险点的发现速度由日级提升至秒级，通过及时发现问题并处理，助力项目考核 100%达标。此外运营团队通过平台集成的业务标准和可视化能力对运营过程进行了全面的标准化管控，为宿迁市水系统提供了高质量的运营服务。

在运营效率方面，运营团队精简了运营业务流程并实现了关键业务流程的自动化，极大削减了无效工作量。通过平台各业务环节的辅助决策和分析，运营团队得以更加科学地统筹安排运营任务，在保证运营质量的同时进一步提升运营效率。不仅如此，运营团队还通过平台对各业态的运营资源进行了整合，提高了资源利用率。经测算，相比平台应用前，清淤疏通车等大型设备运行台时数降低 20%，泵闸站的运行电耗降低 15%。此外，平台大幅降低了管理人员重复的数据填报和统计分析工作量，在进行任务安排和调度时也更加便捷，使管理人员能更专注于提升运营管理水平。平台还帮助作业人员更加便捷地对作业过程和作业结果进行记录，并通过业务标准对作业进行指导，最终以人员绩效考核的形式量化人员效率，实现项目运营管理团队人员优化 20%，作业人力成本投入降低 15%，稳步提升人员效率。

第6章

未来
展望

FUTURE PROSPECTS

06 / FUTURE
PROSPECTS

未来
展望

当今世界正经历百年未有之大变局，城市水系统亦如是。

从行业的角度看，我国城市水系统大规模基础设施建设逐渐进入尾声，行业的发展重心正逐渐从项目建设向长效运营转移，未来运营的重要性大大凸显，对于市场竞争、政府监管、企业经营、学界研究都将带来机遇和挑战。

从城市的角度看，随着智慧城市建设的推进，城市大系统中水、能源、交通、经济等各子系统将逐步完成自身的智慧化转型，下一步就需要融合各子系统业务流与数据流、构建起能够全面支撑城市运行和发展的智慧城市大体系，城市的系统化智慧管理能力也将是未来城市的重要竞争力。

从国家的角度看，在数据已成为新兴生产要素并着力发展新质生产力的当下，数据的价值和重要性大大提升，城市水系统相关数据量庞大且关系到国计民生，挖掘数据潜在价值、利用数据提升城市水系统治理的生产力是建设数字中国的必由之路，城市水系统运营智慧化大势所趋。

在当前这个瞬息万变的时代，对于未来的预测愈发困难，本书基于当前的研究、实践成果对城市水系统智慧运营未来发展方向进行展望，希望能为读者提供一些参考。

1. 资产盘活价值提升

提高资产利用效率、激发资产使用效能是保障城市水系统稳定运行、实现城市水系统长效价值的关键，也是运营企业立足行业、持续盈利的关键。城市水系统中的各类资产不仅有生态价值，也因其能创造较稳定的收益而具有经济价值，与其他固定资产一样可以为城市、企业的发展注入新的活力。

在六部门联合印发《市政基础设施资产管理办法（试行）》（财资〔2024〕108号）的大背景下，未来城市水系统智慧运营势必聚焦资产管理，从成本最优、效率最佳角度出发对城市水系统存量和增量资产进行统筹考虑、动态管理，全面跟踪资产形成、使用、养护、处置和收益情况，充分发挥市政基础设施效能，挖掘低效资产潜能，促进资产保值增值，借助金融等手段以"资产存量"换取"发展增量"，带动城市和企业的价值提升。

2. 全面感知动态交互

未来随着遥感卫星、无人机、无人船、智能传感器等技术与设备不断发展，城市水系统"空天地"一体化在线感知体系将日趋完善。通过集成区域生态环境要素卫星高分辨率遥感技术、光谱质谱环境痕量污染物快速监测技术、基于新材料与器件的微型智能传感技术、大数据融合的多介质环境与生态系统感知技术等新兴监测技术，实现对城市水系统全业态多场景人、机、物、环境等海量多源异构数据的实时采集分析（图6.0-1），在融合利用城市地理空间、自然资源、土地规划、工程建设等数据基础上，通过"数字孪生+"创造出高仿真、强交互的数字城市水系统，直观地剖析展示城市水系统表观和内在动态变化过程，为城市涉水管理提供真实的交互界面，充分发挥数据要素的放大、叠加和倍增作用。

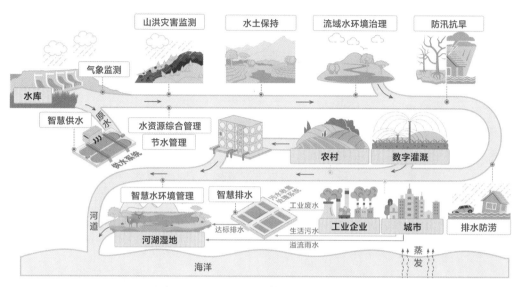

图 6.0-1 "空天地"一体化动态感知全景

3. AI 赋能智慧决策

当前，数据已经成为新兴的生产要素，而人工智能（AI）则是新兴生产工具，加速推动生产要素创新性配置。随着机器学习算法的发展、数据传输能力的提升、算力的飞跃和云计算等模式的普及，AI 技术已经走入各行各业，并体现出颠覆式业务价值。

将 AI 与城市水系统运营业务场景相融合是当前行业发展的一个重要趋势[57]。充分利用人工智能技术在数据分析和业务探索方面的能力，挖掘城市水系统产生的海量数据价值，开展水系统运行仿真与智能调优，水环境风险识别和趋势预测，水生态污染溯源与责任认定，水安全监测评估与预警研判，支撑突发水事件应急处置，提供水智慧产品服务，为精准判断、科学决策提供有力支撑；同时构建基于行业大模型的知识中枢平台，动态供给全领域优质业务知识，以技术革命性突破带动产业转型升级。

4. 多元业态协同发展

随着智慧城市的不断落实和演进，可以想象未来城市各业态、各层级的数据将协同构成一个庞大、复杂的系统，城市管理者可以借助智慧化能力精准施策，提升城市的品位和发展，公众也可以借助智慧城市提供的便利大幅提升生活质量。本书所述的智慧运营体系建设思路、方法和实践经验不仅适用于城市水系统，还可以推广应用到大气工业、固废环境、资源能源、双碳[58]等相关行业的各个领域，共同构成智慧城市大系统的运营体系，优化城市管理方式，提升水、电、气、热、路、运、环、食等全方面公共服务保障能力，创造生产、生活、生态的和谐美好家园。

未来，随着技术的不断进步和业务场景的不断扩展，城市水系统智慧运营模式将得到更为广泛的应用，为行业、城市和国家发展提供更加强有力的智慧支撑。

参 考 文 献

[1] 邵益生, 张志果. 城市水系统及其综合规划[J]. 城市规划, 2014, 38(S2): 36-41.

[2] 陈吉宁, 曾思育, 杜鹏飞, 等. 城市二元水循环系统演化与安全高效用水机制[M]. 北京: 科学出版社, 2014.

[3] 王浩, 王佳, 刘家宏, 等. 城市水循环演变及对策分析[J]. 水利学报, 2021, 52(1): 3-11.

[4] 任南琪, 王旭. 城市水系统发展历程分析与趋势展望[J]. 中国水利, 2023(7): 1-5.

[5] 夏军, 张永勇, 佘敦先, 等. 城市水系统理论及其模型研制与应用[J]. 中国科学: 地球科学, 2024, 54(3): 725-744.

[6] 戴维·塞德拉克. 水 4.0[M]. 上海: 上海科学技术出版社, 2015.

[7] 黎元生, 胡熠. 现代城市系统治水机制的理论与实践——以福州内河整治为例[J]. 福建师范大学学报(哲学社会科学版), 2022(6): 87-95+170.

[8] 牛荣荣. 我国流域水资源治理中地方政府行为偏差及矫正——基于生态政治的视角[D]. 西安: 陕西师范大学, 2014.

[9] 王成坤, 黄纪萍, 王川涛, 等. 面向流域治理与城镇发展统筹的城市水系统规划协同机制探讨——广东东莞生态园实证研究[J]. 水利学报, 2024, 55(3): 278-287.

[10] 容志. 让基层应急系统运转起来: 城市生命体视角下的融通型结构[J]. 中国行政管理, 2021(6): 136-144.

[11] 汪伦焰, 赵延超, 李慧敏, 等. 水生态综合治理 PPP 项目投资风险评价研究[J]. 人民黄河, 2018, 40(3): 54-58.

[12] 许文娟, 罗芳. 生态环境质量评价体系建设的探讨[J]. 环境与发展, 2020, 32(6): 7-9.

[13] 窦娜莎, 高书连, 张宁. 构建厂、网、河一体化运维模式的思考与建议[J]. 中国工程咨询, 2021(1): 72-75.

[14] 姚行平, 汉京超. 城市污水处理厂网一体化系统方案研究[J]. 环境工程, 2023, 41(S1): 235-239.

[15] 谭章荣. 城市供排水的一体化管理[J]. 中国给水排水, 2001(1): 30-32.

[16] 德内拉·梅多斯. 系统之美: 决策者的系统思考[M]. 浙江: 浙江人民出版社, 2012.

[17] 潘世永, 谢玲, 阳阳. 基于系统工程 V 模型的天线设计仿真系统设计[C]//中国机械工程学会机械工业自动化分会, 中国力学学会产学研工作委员会, 中国计算机学会高性能计算专业委员会, 陕西省国防科技工业信息化协会. 第十四届中国 CAE 工程分析技术年会论文集. 西安电子工程研究所, 2018: 5.

[18] 杜丽岩, 王忠毅, 苏飞. 系统工程 V 模型在钠冷快堆系统设计中的应用探析[J]. 产业创新研究, 2024(4): 81-83.

[19] 孙翔, 王玢, 董战峰. 流域生态补偿: 理论基础与模式创新[J]. 改革, 2021(8): 145-155.

[20] 晓辉, 吉海, 殷峻暹, 等. 深圳市智慧水务建设总体框架和战略思路探索[J]. 水利信息化, 2022(4): 62-66+76.

[21] 中华人民共和国国家质量监督检验检疫总局. 资产管理综述、原则和术语: GB/T 33172—2016[S]. 北京: 中国标准出版社, 2017.

[22] Wikipedia S. International infrastructure management manual: international edition[M]. San Francisco: Chronicle Books, 2011.

[23] Stewart D. The fundamentals of asset management: a hands-on approach[C]//EPA Conferences. 2016.

[24] Priest A. Development of stormwater asset management plan for local council[J]. 2016.

[25] 车伍, Frank Tian, 张雅君, 等. 奥克兰现代雨洪管理介绍(二)——模拟分析及综合管理[J]. 给水排水, 2012, 48(8): 27-36.

[26] Lloyd, Chris. International Case Studies in Asset Management || Case study: City of Cambridge[J]. 2012.

[27] Alegre H, Covas D, Monteiro A J, et al. Water infrastructure asset management: A methodology to define investment prioritization[C]//Water Distribution Systems Analysis Symposium 2006. 2008: 1-22.

[28] 李慧军, 方国华, 曹永潇. 澳大利亚的水资产管理[J]. 2006.

[29] 王红武, 毛云峰, 高原, 等. 低影响开发(LID)的工程措施及其效果[J]. 环境科学与技术, 2012, 35(10): 5.

[30] 黄容, 赖泽辉, 曹佳佳, 等. 城市排水管网溢流模拟及污染控制研究——以广州市东濠涌为例[J]. 给水排水, 2018(2): 115-121.

[31] 程涛, 徐宗学, 宋苏林. 济南市海绵城市建设兴隆示范区降雨径流模拟[J]. 水力发电学报, 2017, 36(6): 1-11.

[32] 李娜, 孟玉婷, 王静, 等. 低影响开发措施的内涝削减效果研究——以济南市海绵试点区为例[J]. 水利学报, 2018, 49(12): 1489-1502.

[33] 王立友, 高博, 梁佳斌. 基于 HYSWMM 低影响开发内涝控制效果模拟与评估的研究[J]. 铁道建筑技术, 2016(1): 55-59.

[34] 楼宇锋, 廖振良. 基于 SWMM 的生物滞留池接受不同比例不透水面积内涝削减案例研究[C]// 中国环境科学学会. 2017 中国环境科学学会科学与技术年会论文集(第二卷). 同济大学环境科学与工程学院长江水环境教育部重点实验室, 2017: 6.

[35] 潘文斌, 柯锦燕, 郑鹏, 等. 低影响开发对城市内涝节点雨洪控制效果研究——不同降雨特性下的情景模拟[J]. 中国环境科学, 2018, 38(7): 2555-2563.

[36] 国家市场监督管理总局.固定资产等资产基础分类与代码: GB/T 14885—2022[S]. 北京: 中国标准出版社, 2022.

[37] 中华人民共和国住房和城乡建设部. 城市排水防涝设施数据采集与维护技术规范: GB/T 51187—2016[S]. 北京: 中国建筑工业出版社, 2017.

[38] 中华人民共和国国家质量监督检验检疫总局. 信息分类和编码的基本原则与方法: GB/T 7027—2002[S]. 北京: 中国标准出版社, 2002.

[39] 国家市场监督管理总局. 设施管理术语: GB/T 36688—2018[S]. 北京: 中国标准出版社, 2018.

[40] 国家统计局. 统计用产品分类目录[M]. 北京: 中国统计出版社, 2010.

[41] 中华人民共和国住房和城乡建设部. 城镇排水管道检测与评估技术规程: CJJ 181—2012[S]. 北京: 中国建筑工业出版社, 2012.

[42] 国家市场监督管理总局. 风险管理 指南: GB/T 24353—2022[S]. 北京: 中国标准出版社, 2022.

[43] 中国城镇供水排水协会. 城镇排水管道资产评估与管理技术规程: T/CUWA 40056—2023[S]. 北京: 中国计划出版社, 2023.

[44] 中华人民共和国水利部. 泵站技术管理规程: GB/T 30948—2021[S]. 北京: 中国标准出版社, 2021.

[45] 中华人民共和国住房和城乡建设部. 城镇排水管渠与泵站运行、维护及安全技术规程: CJJ 68—2016[S]. 北京: 中国建筑工业出版社, 2017.

[46] 中华人民共和国住房和城乡建设部. 园林绿化养护标准: CJJ/T 287—2018[S]. 北京: 中国建筑工业出版社, 2019.

[47] 中华人民共和国国家质量监督检验检疫总局. 标准化工作指南第 1 部分: 标准化和相关活动的通用术语: GB/T 20000.1—2014[S]. 北京: 中国标准出版社, 2015.

[48] 陈传忠, 张鹏, 于勇, 等. 生态环境监测发展历程与展望——从"跟跑""并跑"向"领跑"迈进[J]. 环境保护, 2022, 50(Z2): 25-28.

[49] 赵聪蛟, 宋琍琍, 余骏, 等. 浙江海洋浮标监测数据质量控制体系设计[J]. 海洋开发与管理, 2022, 39(12): 29-36.

[50] 盛政, 刘旭军, 王浩正, 等. 城市污水管道入流入渗监测技术研究与应用进展[J]. 环境工程, 2013, 31(2): 17-21.

[51] 朱婉宁, 李萌, 张旭东, 等. 基于短期在线监测的污水管网降雨入流入渗分析[J]. 给水排水, 2021, 57(7): 117-122.

[52] 纪昌明, 马皓宇, 彭杨. 面向梯级水库多目标优化调度的进化算法研究[J]. 水利学报, 2020, 51(12): 1441-1452.

[53] 王晓娟. 多目标柔性作业车间调度方法研究[D]. 武汉: 华中科技大学, 2011.

[54] 田军, 马文正, 汪应洛, 等. 应急物资配送动态调度的粒子群算法[J]. 系统工程理论与实践, 2011, 31(5): 898-906.

[55] 王爱杰, 许冬件, 钱志敏, 等. 我国智慧水务发展现状及趋势[J]. 环境工程, 2023, 41(9): 46-53.

[56] 高大文, 彭永臻, 王淑莹, 等. 污水处理智能控制的研究、应用与发展[J]. 中国给水排水, 2002, 18(6): 5.

[57] 呼婷婷. 浅析人工智能在水环境领域的应用[C]//中国水利学会, 黄河水利委员会. 中国水利学会 2020 学术年会论文集第二分册. 中国环境科学研究院, 2020: 6.

[58] 黄建, 冯升波, 牛彦涛. 智慧城市对绿色低碳发展的促进作用研究[J]. 经济问题, 2019(5): 122-129.